职业技能培训系列教材

中级电梯安装维修工技能实战训练

主　编　郭昕文

副主编　刘贯华　黄太平　王跃军

主　审　岳庆来

机械工业出版社

本书根据《国家职业标准》和职业技能鉴定规范，并参考深圳市电梯职业技能标准，详细地讲述了中级电梯安装维修工技能考核必须掌握的相关知识内容和技能要求。本书以实践操作为重点，理论讲解围绕实际操作进行。

在了解掌握初级电梯安装维修工技术的基础上，本书共分7个模块进行介绍，模块1介绍电梯维修技术中使用的仪器、仪表，电子技术与拖动技术；模块2介绍可编程序控制技术的应用；模块3介绍电梯维修技术中的机械知识及应用；模块4介绍电梯的安装维修与保养；模块5介绍通用电梯故障排除技术；模块6介绍电梯安全管理知识；模块7提供了一个实战训练平台模板，学员可以自己测试知识与技能的掌握程度。在本书最后附有交流双速货梯原理图，供教师及学员参考。

该书可供技工院校、职业院校电梯安装维修类专业使用，也可作为中级电梯安装维修工培训的实际操作技能训练指导教材，还可作为电梯应用技术爱好者的学习参考用书。

图书在版编目（CIP）数据

中级电梯安装维修工技能实战训练/郭昕文主编 . —北京：机械工业出版社，2010.2（2023.1 重印）
（职业技能培训系列教材）
ISBN 978-7-111-29827-4

Ⅰ.①中⋯　Ⅱ.①郭⋯　Ⅲ.①电梯 – 安装 – 技术培训 – 教材②电梯维修 – 技术培训 – 教材　Ⅳ.①TU857

中国版本图书馆 CIP 数据核字（2010）第 028730 号

机械工业出版社（北京市百万庄大街 22 号　邮政编码 100037）
策划编辑：何月秋　陈玉芝　责任编辑：王振国　版式设计：张世琴
封面设计：马精明　责任校对：李秋荣　责任印制：常天培
北京机工印刷厂有限公司印刷
2023 年 1 月第 1 版第 4 次印刷
184mm×260mm・12.25 印张・298 千字
标准书号：ISBN 978-7-111-29827-4
定价：35.00 元

电话服务　　　　　　　　　　网络服务
客服电话：010 – 88361066　　机　工　官　网：www.cmpbook.com
　　　　　010 – 88379833　　机　工　官　博：weibo.com/cmp1952
　　　　　010 – 68326294　　金　　书　　网：www.golden-book.com
封底无防伪标均为盗版　　　　机工教育服务网：www.cmpedu.com

职业技能培训系列教材
编委会名单

序

随着我国经济的不断发展和产业结构的转型升级以及经济的全球化发展，我国已逐步成为世界的"制造中心"，而制造业的主力军——技能人才却严重匮乏，成为影响我国经济进一步发展的瓶颈。为此，国家提出了新的人才发展战略目标，全面推进技能振兴计划和技能人才培养工程。

在技能人才培养的教学过程中，教材处于基础地位，是课程体系设计的核心。为加快技能人才的培养，我们精心策划了这套"职业技能培训系列教材"。本系列丛书的编写特色体现在以下几个方面：

一是书中内容突出一个"新"字，做到结合当前企业的生产实际，力求教学内容能反映本工种新技术、新标准、新工艺和新设备的应用。

二是根据《国家职业标准》和职业技能鉴定规范，同时结合深圳市电工、电梯、制冷等专业工种的职业技能标准，力求教学内容能覆盖相应工种、相应层次的技能鉴定要求。

三是教学中注重培养学员的职业能力，把相关知识点的学习与专业技能的训练有机地结合起来，摒弃以往"就知识讲知识"的做法，坚持技能人才的培养方向。

四是内容安排上符合认知规律，由浅及深，由易到难，做到理论知识以够用为度，侧重实践操作。

本系列教材的编者来自深圳技师学院从事培训教学的一线教师和企业的部分专家，书中内容基本反映了深圳技能培训教学和社会化考核的方向。相信本书会受到中、高职类院校广大师生和广大青年读者的欢迎。

编委会主任　**黎德良**

前　言

随着我国国民经济的迅速发展，电梯维修业已成为发展速度最快的朝阳产业之一。根据国务院令（第 373 号）《特种设备安全监察条例》于 2003 年 6 月 1 日开始实施，电梯作为一种特种设备，其安全生产、使用、检验检测、检修安装工作引起社会的广泛关注。而目前我国电梯工程技术人员存在严重不足的现象，全国各大中小城市电梯工程技术人员的缺口在 100 万左右。

电梯作为特种设备广泛用于生产、生活、医疗、办公等场所，在投入使用前必须通过现场组装和调试，在这一过程中，从事电梯安装、维修保养人员的技术水平的高低，安装维修质量的好坏，将直接关系到运行中的安全性和可靠性。当今电梯的技术要求不断提高，控制技术日益自动化、信息化。为了确保电梯的正常运行，保障工业生产的顺利进行和人民生命财产的安全，必须将电梯安装、维修保养人员的安全技术培训纳入社会培训工作的重要内容之中。

我国人力资源与社会保障部门、质量技术监督部门针对此工种制定了培训大纲及考核标准。本书是根据《国家职业标准》和职业技能鉴定规范，并参考深圳市电梯技能职业技能标准编写的，详细地讲述了中级电梯安装维修工技能考核必须掌握的相关知识内容和技能要求。本书以实践操作为重点，理论讲解围绕实际操作进行。

在了解掌握初级电梯安装维修工技术的基础上，本书共分 7 个模块进行介绍，依次介绍电梯维修技术中使用的仪器仪表，电子技术与拖动技术；可编程序控制技术的应用；电梯维修技术中的机械知识及应用；电梯的安装维修与保养；通用电梯故障排除技术；电梯安全管理知识等。

本书由郭昕文主编，岳庆来教授主审。其中模块 1、4、6、7 及附录由郭昕文编写，模块 2 由刘贯华编写，模块 3 由黄太平编写，模块 5 由王跃军编写。全书由郭昕文统稿。

本书可供技工学校、职业院校电梯安装维修类专业使用，也可作为中级电梯安装维修工培训的实际操作技能训练指导教材，还可作为电梯应用技术爱好者的学习参考用书。

感谢深圳技师学院岳庆来教授、肖明耀副教授，以及本领域中从事教育与实践工作的同行在编写本教材过程中提供的专业指导与鼓励，同时对参考文献的相关作者表示衷心的感谢！

由于编写时间仓促，书中难免存在不足之处，敬请广大读者给予批评指正。

编　者

目　　录

模块1 电工与电子技术

1.1 常用仪器、仪表的使用与维护

1.1.1 示波器

目前电梯的控制单元大量地使用电子电路，示波器是用来测试电子电路电压波形的仪器，也可测试出电压的峰值、周期等。

1. 功能 这里以 MATRIX < OSCILLOSCOPE MOS—620 型示波器为例进行介绍，其他型号大同小异，请参照使用。MATRIX < OSCILLOSCOPE MOS—620 型示波器的面板示意图如图 1-1 所示，其面板常用按键、旋钮的功能见表 1-1。

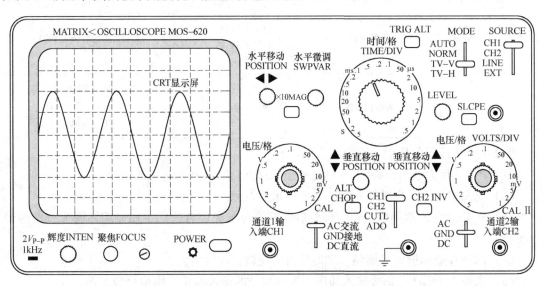

图 1-1 MATRIX < OSCILLOSCOPE MOS—620 型示波器的面板示意图

表 1-1 示波器面板常用按键、旋钮的功能

序号	英文	中文	作用	效果
1	POWER	电源开关		
2	CRT	显示屏	显示波形	显示波形
3	FOCUS	聚焦调节	清晰度调节	清晰显示波形
4	INTEN	辉度	亮度调节	显示波形明亮度适中
5	CH1，CH2	通道1、2	接入被测信号	
6	AC	交流	根据被测信号选择	测量交流信号调至 AC
	GND	接地		
	DC	直流		测量直流信号调至 DC

1

（续）

序号	英文	中文	作用	效果
7	VOLTS/DIV	幅值/刻度	电压/格	
8	CAL Ⅱ	幅值微调		
9	SWP VAR	水平微调		
10	LEVEL	水平同步	波形显示水平稳定	
11	TIME/DIV	扫描时间/格	时间/格	
12	◀▶ POSITION	水平位移	调节使波形水平移动	
13	▲▼ POSITION	垂直移动	调节使波形垂直移动	
14	×10MAG	水平扩展	波形水平扩展10倍	
15	SOURCE	外触发输入端子 触发源选择	通道 CH1 通道 CH2 LINE EXT	测量波形时常选用 CH1
16	MODE	触发方式	自动 AUTO 常态 NORM 电视场 TV-V 电视行 TV-H	测量波形时常选用 TV-V
17	CAL $2V_{P-P}$ 1kHz	方波信号源	固定信号、基准电压	校对示波器使用 方波信号 f 为 1kHz、 V_{P-P} 为 2V

图 1-1 中示波器各按键、旋钮的作用如下：

（1）POWER 为电源开关。ON 状态时电源接通，OFF 状态时电源切断。

（2）电源指示灯。电源接通时，电源指示灯发光。

（3）FOCUS 为聚焦调整旋钮。调整旋钮使波形的亮度合适后，用此旋钮调节波形的清晰度。

（4）INTEN 显示屏辉度旋钮。顺时针方向旋转，辉度增大。

（5）通道 1（CH1）信号输入插座。被测信号的输入插座，用信号线引入。

（6）通道 2（CH2）信号输入插座。被测信号的输入插座，用信号线引入。

（7）AC—GND—DC 为输入耦合方式切换开关。其中，AC 为经电容器耦合，输入信号的直流分量被抑制，只显示其交流分量。GND 为垂直放大器的输入端被接地。DC 为直接耦合，输入信号的直流分量和交流分量同时显示。

（8）VOLTS/DIV（垂直轴电压幅值标度开关，即每一格多少伏）。需要根据输入信号的幅度进行适当的设定。使用 10:1 探头时，请将测量结果进行 ×10 的换算。

（9）LEVEL 为水平同步旋钮，通过调节使扫描周期与信号周期同步，信号波形稳定地显示在屏幕上。

（10）TIME/DIV 为水平扫描速度开关。可以分 20 段从 0.2μs/DIV 到 0.5s/DIV 进行切换。

（11）CAL Ⅱ 为垂直轴微调旋钮。按箭头方向旋转到底，为 VOLTS/DIV 开关的设定值；

逆时针旋转，可以降低设定值；通常情况下，请将此旋钮置于 CAL 校准位置。

（12）SWPVAR 为时间轴微调旋钮。按箭头方向旋转到底，为 TIME/DIV 开关的设定值；逆时针旋转，可以降低设定值；通常情况下，请将此旋钮置于 UNCAL 校准位置。

（13）SOURCE 外触发输入端子。用于外部触发信号，即触发源选择：选择内（INT）或外（EXT）触发。选择可有 CH1、CH2、LINE、EXT。

（14）MODE 为触发方式切换开关（垂直轴工作方式选择开关）。AUTO：自动，当没有触发信号输入时扫描在自由模式下。NORM：常态，当没有触发信号时，踪迹处在待命状态并不显示。TV-V 电视场：当需观察一场的电视信号时，或波形时。TV-H 电视行：当需观察一行的电视信号时。

（15）CAL（$2V_{P-P}$ 1kHz）为方波信号源。用于校对示波器测量显示状况。

2. 示波器的使用方法

（1）熟悉示波器各旋钮、开关的功能和作用。

（2）显示水平线：调节 CH1 通道选择开关使之处于 GND；调节辉度旋钮和聚焦旋钮。

（3）显示方波：调节 CH1 通道选择开关使之处于 AC；调节 SOURCE 开关使之处于 CH1；调节 MODE（下部）开关使之处于 CH1；调节 MODE 开关使之处于 TV-V；调节 VO-LTS/DIV 开关，调至 1V/DIV；调节 TIME/DIV 开关，调至 1ms/DIV；将信号线接入 CH1 插孔，将信号端连接到 CAL（$2V_{P-P}$ 1kHz）信号源，检查无误后将显示出方波信号，通过换算得出信号的幅值和周期、频率。

（4）读出信号周期和电压值：

信号周期 = 方格数×周期标度/周期放大倍数（水平方向）

信号电压 = 方格数×幅值标度×指针衰减数/增益倍数（垂直方向）

3. 注意事项

（1）示波器使用前一定要校准，否则测量值不准确。

（2）注意电压（有效值）峰值与峰-峰值之间的区别。

（3）电压（频率）值不能以信号发生器或电子实训台上的显示值为准，而应以示波器测量的读数为准。

4. 示波器的读数举例　正弦波的测量，如图 1-2 所示。将线路按要求接好并检查无误；将电压格、时间格调至合适位置，将水平微调、垂直微调旋钮调至最大。将信号发生器调至合适挡位，通电测量。观察波形，读出电压的峰-峰值 V_{P-P} 或峰值 V_P，周期 T，即

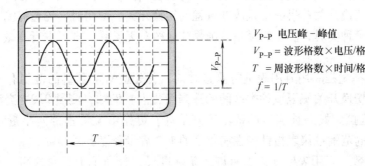

V_{P-P} 电压峰－峰值

V_{P-P} = 波形格数×电压/格

T = 周波形格数×时间/格

$f = 1/T$

图 1-2　正弦波的测量

电压的有效值 U 　　　　　　　 $U = V_{\text{P-P}}/2\sqrt{2} = V_{\text{P}}/\sqrt{2}$

电压的频率 f 与周期 T 的换算

$$f = \frac{1}{T}$$

1.1.2　万用表

万用表是电梯安装维修中常用的电气测量仪表，它的精度虽然不高，但测量范围广，因此使用广泛。一般万用表用来测量电压、电流、电阻，有的万用表还可以测量电感、电容、晶体管的电流放大倍数等。万用表分为指针式和数字式两大类。

1. 指针式万用表　如图 1-3 所示，指针式万用表是具有多种用途和多个量程的直读式仪表，用来测量交、直流电压和电流及电阻等电量。正确、安全使用万用表，应注意以下事项：

（1）接线柱的选择。测量之前，首先应检查表笔位置是否正确。红表笔应接在标有"＋"的接线柱上，黑表笔应接在标有"－"的接线柱上。测量直流时，红表笔接被测电路的正极，黑表笔接被测电路的负极。如果不知道被测电路的正、负极时，可以这样判断：将仪表的转换开关切换到直流电压最大量程，将一支表笔接至被测电路任意一极上，然后将另一支表笔在被测部分另一极上轻轻一碰，并立即离开，观察仪表指针的转向，若表针正向偏转，则红表笔为正极，黑表笔为负极；反之，黑表笔为正极，红表笔

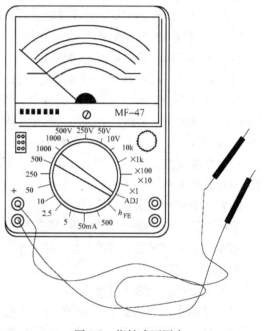

图 1-3　指针式万用表

为负极。有些万用表设有交直流 2500V 的高电压测量端钮，使用时黑表笔仍接在"－"接线柱上，而将红表笔接在 2500 V 的接线柱上。

（2）测量挡的选择。根据测量的对象，将切换开关转换到所需要的位置上。例如，需要测量交流电压，将切换开关转换到标有 V 的位置。有些万用表有两个切换开关，一个是改变测量种类的切换开关；另一个是改变量程的切换开关。使用时，先选择测量种类，再选择量程。选择测量种类时，要小心谨慎，测量前应核对无误后，方可进行测量，否则会烧毁仪表。

（3）正确选择量程。用万用表进行测量之前，首先应对被测量的范围有一个大概的估计，然后将量程切换开关旋至该种类区间的适当量程上。例如，测量 220V 交流电压时，就可选用 250V 量程挡。如果被测量的范围不好估计，可先由大量程挡向小量程挡处进行切换，应使被测量的范围在仪表指针指在满刻度的 1/2 满量程以上时即可。

（4）正确读数。万用表标度盘上有许多条标度尺，分别用于不同的测量种类，测量时要在相应的标度尺上读取数据。万用表的标度盘如图 1-4 所示。

标有"DC"或"-"的标度尺为测量直流时用的。标有"AC"或"~"的标度尺为测量交流时用的（有些万用表的交流标度尺用红色标出）。交流和直流的标度尺合用读数时，就得另用一些斜短线将交流标度尺与直流标度尺相对应的标度连起来。读数时要注意的是，测量低压交流的标度尺一般位于标度盘的下方，此时读数比较准确。

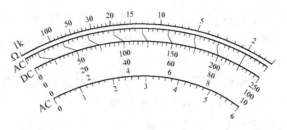

图1-4 万用表的标度盘

（5）正确使用欧姆挡。测量电阻时应使用不同的倍率。测量过程中仪表的指针越靠近标度尺的中心部分，读数越准确。一般可以比较清晰地读出中心阻值的20倍。例如：某万用表"$R×1$"挡的中心值为12Ω，它的20倍约为250Ω，在这个数值以下可以清楚地读数，再大就不准确了，必须另选合适的量程。首先两表笔和在一起，调整旋钮，使指针指向零位。测量时，由指针读数×倍率，即为电阻值。倍率$R×1$、$R×10$、$R×100$、$R×1k$、$R×10k$。

例如：挡位在倍率$R×10$进行，测量时，指针指在"30"，则电阻值为：$30Ω×10 = 300Ω$。

注意：测量电阻之前，选择适当的倍率挡后，首先将两表笔相碰使指针指在零位。如果表针不在零位时，应调节"调零"旋钮，使指针指在零位，以保证测量结果的准确性。若调整"调零"旋钮，指针仍不能指在零位，则说明电池的电压过低，应更换新电池。不允许带电测量，即在测量某一电路的电阻时，必须切断被测电路的电源，不能带电进行测量。因为测量电阻的欧姆挡是由干电池供电的，带电测量相当于接入一个外加电压，不但会使测量结果不准确，而且可能烧坏表头，这一点必须特别注意。不允许用万用表的电阻挡直接测量微安表表头、检流计、标准电池等仪表、仪器的内阻。

（6）安全操作要点。使用万用表进行测量时，要注意人身和仪表设备的安全。一般测量时都用手拿住表笔进行测量，不得用手触摸表笔的金属部分。否则不仅会影响测量的准确性，而且还会有触电的危险产生。

（7）电流测量。电流的测量需要将表串联在电路中，先估计电流的大小，再选择电流的挡位。另外，被测电路是交流时选交流挡位，是直流时选直流挡位。注意：无交流电流挡位的万用表不能直接测量交流电流。直流电流测量时，红表笔为电流进线端，黑表笔为电流出线端。

（8）电压测量。确定电压挡位，即由被测电压是交流或直流及其高低来确定挡位——电压量程（量程：表针摆到头，指示的电压值即为此挡位的量程）。若不了解被测电压的高低，应先使用最大量程，由测量结果向下调，当表针指在表盘1/3中部时，测量数值较为准确。

2. 数字式万用表 数字式万用表具有测量精度高、显示速度快、体积小、重量轻、耗电省、能在强磁场区使用等优点，因此得到广泛的应用。如图1-5所示为DM—100型数字式万用表的面板。

（1）面板的布置：面板上有电源开关、量程开关、测量状态开关、显示器等。

电源开关能实现PNP和NPN型晶体管的选择功能，测量h_{FE}时，对于PNP型管，开关置于中间位置；对于 NPN 型管，开关置于右端。其他测量状态下，该开关无影响。测量完毕后此开关应置于 OFF 位置。

显示器采用液晶显示器，最大指示值为 1999。当被测信号的指示值超过 1999 或 −1999 时，在靠左边的位置上显示（1）或（−1），表示已超出测量范围。

对于测量状态开关，它可用于选择测量直流电压、交流电压、直流电流、电阻的功能。而量程开关，可根据被测信号的大小，选择合适的量程。

h_{FE} 测试插座用以测试 PNP 与 NPN 型晶体管。插座上标有 B、C、E 三个插孔，小型晶体管可直接插入测试。

面板上有 4 个输入被测信号的端子。黑色测试表笔总是插入公共的"COM"端子，红色测试表笔通常是插入"+"端子，当测量交流电压时，需将红表笔插入"ACV"端子。当被测直流电流大于 200 mA 时，需将红色表笔插入"10 A"端子。

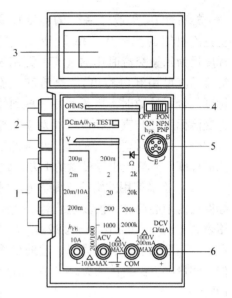

图 1-5　数字式万用表的面板
1—量程开关　2—测量状态开关　3—显示器
4—电源开关　5—h_{FE}测试插座
6—输入端子

（2）测量方法：直流电压测量时，把红色表笔接"+"端子，黑色表笔接"COM"端子，电源开关置"ON"，按下"V"状态开关。按照被测电压的大小，选择合适的量程开关，将表笔接到被测电路两端即可。交流电压测量时，把黑色表笔接"COM"端子，红色表笔接到"ACV"端子，电源开关置"ON"，按下"V"状态开关，再根据被测交流电压大小，在 200 V 或 1000 V 中间选择一个量程开关。将表笔接到被测电路上即可。直流电流测量时，把黑色表笔接到"COM"端子，红色表笔接到"+"端子，电源开关置"ON"，按下"DCmA"状态开关，按照被测电流大小，选择合适的量程开关，将表笔接入被测电路，显示器就有指示。被测电流超过 200 mA 时，红色表笔应插入"10A"端子，量程开关选 20 mA/10A 挡。电阻测量时，把红色表笔插入"+"端子，黑色表笔插入"COM"端子，电源开关置"ON"，按下"OHM"状态开关，按照被测电阻大小，选择量程开关，将表笔接于被测物两端，显示器显示电阻值。用电阻挡检查二极管或电路导通状况时，蜂鸣器发出声响表示通路。测量二极管时把黑色表笔接到"COM"端子，红色表笔接到"（+）V—mA—Ω"端，按下状态开关"OHM"挡，电源开关置"ON"，按下量程开关，将表笔接到二极管两端。当正向检查时，二极管应有正向电流流过，若二极管良好时应显示一定值，其正向压降的电流值等于显示值乘以 10。例如：好的硅二极管正向压降的电流值在 400～800 mA 之间，如果显示 70，则正向压降的电流值近似为 700mA。如果被测二极管是坏的，则显示"000"（短路）或"1"（开路）。当反向检查时，若二极管是好的，则显示"1"，若二极管是坏的，则显示"000"或其他。h_{FE} 测量时，测 PNP 型晶体管，应将电源开关置于中间的"ON"位置，按下 DCmA/h_{FE} TEST 状态开关和 h_{FE} 量程开关，将晶体管三个极对应地插入 E、B、C 孔中，显示器即显出被测管的 h_{FE} 值。

（3）注意事项：装入电池时电源开关应置于"OFF"位置。测量前应选好状态开关和量程开关所应处的位置，不要搞错。改变测量状态和量程之前，测试笔不要接触被测物。万用表不要在能产生强大电气噪声的场合中使用，否则会引起读数误差或不稳定现象。测量完毕后，电源开关应置于"OFF"位置。

1.1.3　钳形电流表

钳形电流表是测量交流电流的携带式仪表，其结构如图 1-6 所示。

它可以在不切断电路的情况下测量电流，因此使用方便。但只限于在被测电路的电压不超过 500 V 的情况下使用。

1. 正确选用表计的种类　钳形表的种类和形式很多，有用来测量交流电流的 T—301 型钳形电流表，有测量交流电流、电压的 T—302 型钳形电流表和 MG24 型袖珍式钳形电流、电压表，还有 MG21、MG22 型的交、直两用的钳形电流表等。在进行测量时，应根据被测对象的不同，选择不同形式的钳形电流表。如果仅测量交流电流，可以选择 T—301 型钳形电流表。若使用其他形式的钳形电流表时，应根据测量的对象将转换挡位开关拨到需要的位置。

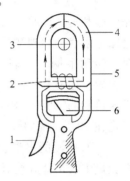

图 1-6　钳形电流表的结构
1—手柄　2—二次线圈
3—被测导线　4—互感器
5—铁心　6—电流表

2. 正确选用表计的量程　钳形电流表一般通过转换开关改变量程。测量前，对被测电流进行粗略的估计，选择适当的量程。如果被测电流无法估计时，应将钳形电流表的量程放在最大挡位，然后根据被测电流指示值，由大变小转换到合适的挡位。切换量程挡位时，应在不带电的情况下进行，以免损坏仪表。

3. 注意事项

（1）测量交流电流时，应使被测导线位于钳口中部，并使钳口紧密闭合。

（2）每次测量后，要把调节电流量程的切换开关放在最高挡位，以免下次使用时，因未经选择量程就进行测量而损坏仪表。

（3）测量 5A 以下电流时，为得到较准确的读数，在条件许可时，可将导线多绕几圈放进钳口进行测量，所测电流数值除以钳口内的导线根数即为导线电流值。

（4）测量时，操作人员应注意保持与带电部分的安全距离，以免发生触电危险。

1.1.4　携带式绝缘电阻表

绝缘电阻表用于测量各种变压器、电机、电器、电缆等设备的绝缘电阻，如图 1-7 所示。绝缘电阻表一般由手摇发电机及磁电系双动圈比率计组成。而晶体管绝缘电阻表是由高压直流电源及磁电系双动圈比率计或磁电系电流表组成。

电梯是额定电压为 500 V 以下的电气设备，一般选用 250～500V 的绝缘电阻表。而额定电压 500 V 以上的电气设备，应选用 500～1000V 的绝缘电阻表；额定电压 500V 以下的线圈绝缘，选用 500V 的绝缘电阻表。有些绝缘电阻表的标尺，不是从零开始，而是从 1MΩ 或 2MΩ 开始的，这种绝缘电阻表不适宜测量潮湿场所低压电气设备的绝缘电阻，由于这些电气设备的绝缘电阻低于 1MΩ 时，将得不到正确的读数。

（1）测量前应正确选用表计的测量范围，使表计的额定电压与被测电气设备的额定电压相适应。

（2）绝缘电阻表应水平旋转，并应远离外界磁场。

（3）使用表针专用的测量导线或绝缘强度较高的两根单芯多股软线，不应使用绞形绝缘软线或其他导线。

（4）测量前，应对绝缘电阻表进行开路试验和短路试验。所谓开路试验，就是在绝缘电阻表的两根测量导线不接触任何物体时，转动手柄，仪表的指针应指在"∞"的位置。而短路试验，是指将两极测量导线迅速接触的瞬间（立即离开），仪表的指针应指在"0"的位置。

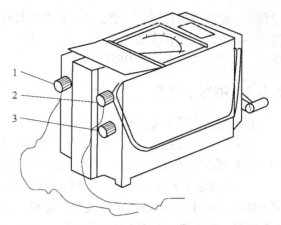

图1-7　携带式绝缘电阻表
1—线路端 L　2—接地端 E　3—屏蔽端 G

（5）被测的电气设备必须与电源断开。在测量中禁止他人接近设备。

（6）对于电容性的电气设备，如电缆、大功率的电机、变压器和电容器等，测量前必须将被测的电气设备对地放电。

（7）测量前，应先了解周围环境的温度和湿度。当湿度过大时，应使用屏蔽线。测量时应记录温度，以便于事后对绝缘电阻进行分析。

（8）使用绝缘电阻表时，接线必须正确。绝缘电阻表的"线路"或标有"L"的端子，用于接被测设备的相线；"接地"或标有"E"的端子，用于接被测设备的地线；"屏蔽"或标有"G"的端子，用于接屏蔽线，可以减小因被测物表面泄漏电流存在而引起误差。

（9）测量时，顺时针摇动绝缘电阻表的摇把，使转速逐渐增加到120r/min，待调速器发生滑动后，即可得到稳定的读数，一般读取1min后的稳定值。

（10）测量电容性电气设备的绝缘电阻时，应在得到稳定读数后，先取下测量导线后再停止摇动摇把，测完后立即对被测电气设备进行放电。

1.1.5　半导体温度计

我们目前生产的温度计的品种、型号、式样较多，常用的有0～100℃，0～400℃，且有数字显示、指针显示两种。TH—80型互换半导体温度计是应用热敏电阻的一种小的圆珠形半导体，它与水银温度计相比较，有高的灵敏度和短的时间常数，测定方法简单。

半导体温度计专用于测定固体物的表面温度，也可以浸入多种液体中测定温度。

（1）使用前，开关应在"关"或"0"的位置，调准表头指针于零位。

（2）将开关拨至"校"或"1"的位置，转"满度调节"旋钮使电表指针恰至满刻度位置。

（3）将开关拨至"测"或"2"的位置，即可测量温度。测量时将探头接触到目的物上。

（4）若发现"满刻度调节"不能使电表指针校到满刻度时，应更换电池。电池极性不得接反。

（5）测温探头所需元件是用玻璃制造的，使用时应注意轻轻接触被测物体，以免损坏。

（6）使用完毕后必须将开关拨至"关"或"0"的位置，以免测温元件（热敏电阻）疲劳而影响使用寿命。

1.1.6　手持式转速表

转速表是电梯安装和日常维修保养工作中必不可少的测量仪表。常用转速表的型号有 HT—331 型、ZS—840 型和 HT—441 型。HT—331 型转速表为数字式转速表，可以握在手上使用，按下开关即可测量转速，以数字显示。测量时，把测试头压紧到旋转轴中心孔中，即可测出正确的转速，测速表测量周期为 1s，可连续测定。

1. **各部名称及作用**

（1）电源开关：如图 1-8 所示，按下该开关即可进行测量。

（2）传感轴：检测旋转信号的传感器轴，在轴端安装测试头，将测试头压在旋转轴端的中心孔内。

（3）转速显示器：测量结果以转速（r/min）直接显示出读数来。

（4）最低电压指示灯：该指示灯亮时说明电池应更新。

2. **测定方法**　首先在传感器轴上装上测试头，然后按下电源开关，将测试头压在被测旋转轴的中心孔内（注意安全，千万不要打滑），并保持测试头与轴同心，测试 1s 后即可以显示出转速来。

将测试头换成圆周速度测试环即可直接读出圆周速度，例如：使用 KS—100 型时读数范围是 0～9999 mm/s；KS—200 型时读数范围是 0～9999 m/min。

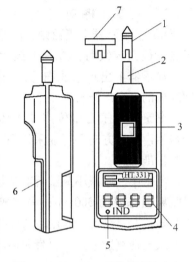

图 1-8　HT—331 型数字式转速表
1—测试头　2—传感轴　3—电源开关
4—转速显示器　5—最低电压指示灯
6—电池盖　7—测试环

如果电池使用时间太久，电压将下降，显示数据就会暗淡，这时需要换新电池（此时最低电压指示灯亮）。

更换电池时，应打开电池盖，将新的 5 号干电池 4 节按规定的极性装好，然后关上电池盖即可，电池的极性不可接错。

若测试头磨损，将引起测量误差，需要换新测试头。更换新测试头时，将测试头的槽对准测定轴上的定位销进行插入。

转速表的保存温度为 20～60℃，使用完毕后应放在阴凉干燥通风良好的地方。长期不用时，必须将电池取出。

1.1.7　声级计

声级计是噪声测量中最常用的、最简便的声音测量仪器。它可以用来测轿厢内、机房中、电动机、曳引机等设备噪声的声压级、声级以及隔音效果，如图 1-9 所示。

声级计是由传声器、放大器、衰减器、检波器、显示器及电源等组成的。

HS5633 型数字式声级计，是由液晶显示器指示测量结果的，具有现场声学测量的全部功能。其特点是：除能进行一般的声级测量外，还有能保持最大声级和设定声级测量范围的功能；并具有电池检查指示功能。

（1）使用前的准备工作是：拧松底盖螺钉，拉开连接电池盒的拉扣，取出电池盒按电池盒标记的极性，装好电池，不得装错，放入电池盒并连接拉扣，关上电池盖板，拧紧螺钉。

（2）噪声的测量：接通电源开关，把动态特性选择开关置于"F（快）"或"S（慢）"位置，将功能选择开关置于"MEAS"。显示器上读数则为测量结果。如果测量最大声级时，按一下最大值保持开关，显示器上出现箭头符号并保持在测量期间内的最大声级数。

测量时用压力型传声器，必须使传声器与噪声传播方向平行或采用90°入射以保证测量准确。

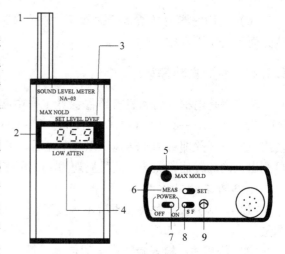

图 1-9　HS5633 型数字式声级计

1—传声器　2—显示器　3—声级过载指示　4—电池
检查指示　5—最大值保持开关　6—功能选择开关
7—电源开关　8—动态特性（快、慢）选择开关
9—声级设定电位器

测量中，应减小测试者对声场的干扰。对于小型机械设备（表面边长小于300mm），测点距离设备表面300mm；中型机械设备（表面边长300～1000mm），测点距离设备表面500mm；大型设备，测点距离设备表面1000～5000mm，并要求距地面高度为500mm。如有风力或其他直射干扰，要带防风球。

1.1.8　接地电阻测量仪

接地电阻测量仪主要用于直接测量各种接地装置的接地电阻和土壤电阻率。其形式较多，使用方法也不尽相同，但基本原理是一样的。常用的国产接地电阻测量仪有 ZC—8 型、ZC—29 型等。

ZC—8 型接地电阻测量仪由高灵敏度检流计、手摇发电机、电流互感器和调节电位器等组成。当手摇发电机摇把以 120r/min 转动时，发电机便产生 90～98Hz 交流电流。电流经电流互感器一次绕组、接地极、大地和探测针后回到发电机。电流互感器产生二次电流使检流计指针偏转，调节电位调节器，使检流计达到平衡。该表量程有：0～10～100Ω 和 0～10～100～1000Ω 两种。

ZC—29 型接地电阻测量仪，主要用于测量电气接地装置和避雷接地装置的接地电阻。该表由手摇发电机、检流计、电流互感器和滑线电阻等组成。该表测量范围为 0～10Ω 时，最小分度值为0.1Ω；0～1000Ω 时，最小分度值为10Ω。当测量范围为 0～100Ω 时，辅助接地棒的接地电阻不大于2000Ω；0～1000Ω 时，不大于5000Ω，对测量均无影响。测量时，先将电位探测针 P、电流探测针 C 插入地中，应使接地极 E 与 P、C 成一条直线，并相距20m，P 位于 E 与 C 之间。再用专用测量导线将 E、P、C 与表上相应接线柱分别连接，如图 1-10 所

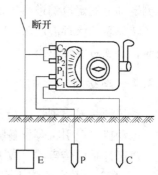

图 1-10　接地电阻的测量

示。测量前应将被测接地引线与设备断开。

摇测时，先将表放于水平位置，检查检流计的指针是否在中心线上，否则应用零位调整器把针调到中心线上。然后，将表"倍率标度"置于最大倍数，缓慢摇动发电机摇把，同时旋动"测量标度盘"，使指针在中心线上。用"测量标度盘"的读数乘以"倍率标度"倍数，得数即为所测的电阻值。

1.2 电子技术

1.2.1 电子技术基础

1.2.1.1 晶体二极管

1. 二极管的结构和类型

(1) 结构：由一个 PN 结组成。

(2) 类型：按内部结构可分为

1) 点接触型：PN 结面积小，用于检波、脉冲电路。

2) 面接触型：PN 结面积大，用于整流电路。

2. 伏安特性曲线和主要参数（见图 1-11）

(1) 正向特性：起始电压（死区电压），硅管 $0.6 \sim 0.8\text{V}$，锗管 $0.2 \sim 0.3\text{V}$。正向时处于导通状态。

(2) 反向特性：反向饱和电流，受温度影响大，处于截止状态。

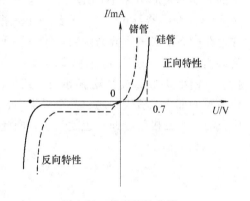

图 1-11 伏安特性曲线

3. 简易测试 用万用表 $R \times 1\text{k}$ 或 $R \times 100$ 挡来测试（注意万用表内电池极性，黑表笔接电池的正极，红表笔接电池的负极）。

(1) 好坏：正向电阻小，几十欧姆到几百欧姆。

反向电阻大，几十千欧姆到几百千欧姆。

(2) 极性：导通时，黑笔接的为正极。

(3) 性能：正反向电阻差值越大，单向导电性能越好。

4. 晶体二极管的应用

(1) 单相桥式整流电路。电路的组成如图 1-12 所示，变压器提供需要的交流电压，整流二极管由 4 个组成桥式连接，交流电源接通后，在 a 点为"＋"、b 点为"－"时，二极管 VD1 和 VD3 导通，在 a 点为"－"而 b 点为"＋"时，二极管 VD2 和 VD4 导通，使负载获得全波整流电压，整流后电压电流波形如图 1-13 所示。

此电路为桥式整流电路，其输出电压为

$$U_{\circ} = \frac{1}{\pi}\int_0^\pi \sqrt{2}U_2\sin\omega t\mathrm{d}\omega t = \frac{2\sqrt{2}}{\pi}U_2 = 0.9U_2$$

$$U_{\circ} = 0.9U_2 \, (U_2 \text{ 为变压器二次电压的有效值})$$

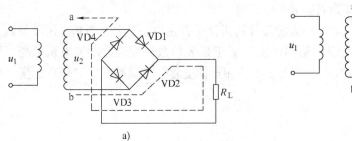

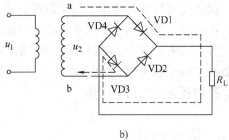

图 1-12　单相桥式整流电路

a）VD2 和 VD4 导通　b）VD1 和 VD3 导通

二极管的电流：每只二极管只有半波导通，所以二极管的电流只有负载电流的 1/2。

二极管承受的最大反向电压为

$$U_{RM} = \sqrt{2} U_2$$

该电路的特点是：效率高，6 个二极管，波动一般。

（2）三相桥式整流电路。三相整流电路在工业生产中的大功率直流电路中使用的较多。电路的组成如图 1-14 所示，变压器及 6 个二极管组成了三相桥式整流电路。在电路中 6 个二极管分为两组。第一组 VD1、VD3、VD5 为共负极连接，第二组由 VD2、VD4、VD6 为共正极连接。一组中 3 个二极管轮流导通，共负极组中，正极电

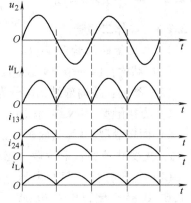

图 1-13　整流后电压电流波形

位最高的那个二极管导通，共正极组中，负极电位最低的那个二极管导通。同一时刻，各组中只有一个二极管导通，也就是说，两组中各有一个同时导通。

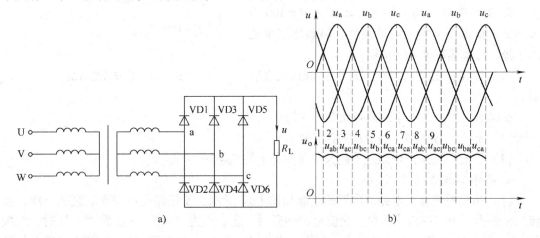

图 1-14　三相桥式整流电路及波形

a）电路　b）波形

在时间段 1，U_c 电压最高，U_b 电压最低，电流从二极管 VD5→R_L→VD4 形成回路。

在时间段 2，U_a 电压最高，U_b 电压最低，电流从二极管 VD1→R_L→VD4 形成回路。

在时间段 3，U_a 电压最高，U_c 电压最低，电流从二极管 VD1→R_L→VD6 形成回路。

在时间段 4，U_b 电压最高，U_c 电压最低，电流从二极管 VD3→R_L→VD6 形成回路。

在时间段 5，U_b 电压最高，U_a 电压最低，电流从二极管 VD3→R_L→VD2 形成回路。

在时间段 6，U_c 电压最高，U_a 电压最低，电流从二极管 VD5→R_L→VD2 形成回路。

在时间段 7，U_c 电压最高，U_b 电压最低，电流从二极管 VD5→R_L→VD4 形成回路。

整流过程如此循环往复。

输出电压的平均值为

$$U_o = 2.34U_2（二次侧相电压）$$

输出电流的平均值为

$$I_o = \frac{U_o}{R_L} = 2.34U_2/R_L$$

每个二极管承受的最大反向电压为变压器二次侧线电压的最大值为

$$U_{RM} = \sqrt{3} \times \sqrt{2}U_2 = 2.45U_2 = 1.05U_o$$

该电路的特点是：功率大，效率高，6 个二极管，波动最小。

1.2.1.2 稳压二极管

稳压二极管是利用 PN 结的击穿区具有稳定电压的特性来工作的。稳压二极管在稳压设备和一些电子电路中获得广泛的应用。这种类型的二极管有别于用在整流、检波和其他单向导电场合的二极管。

1. 稳压管的伏安特性及其符号（见图 1-15）

（1）稳定电压 U_z。U_z 就是 PN 结的击穿电压，它随工作电流和温度的不同而略有变化。对于同一种型号的稳压二极管来说，稳压值有一定的离散性。

（2）稳定电流 I_z。稳压二极管工作时的参考电流值。它通常有一定的范围，即 $I_{zmin} \sim I_{zmax}$。

（3）动态电阻 r_z。它是稳压二极管两端电压变化与电流变化的比值。其随工作电流的不同而改变。通常工作电流越大，动态电阻越小，稳压性能越好。

图 1-16 给出了稳压二极管工作时的动态等效电路，图中二极管为理想二极管。

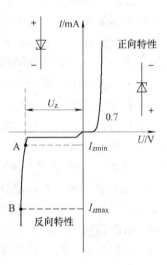

图 1-15 稳压二极管的
伏安特性及符号

2. 选择稳压二极管的注意事项　流过稳压二极管的电流 I_z 不能过大，应使 $I_z \leq I_{zmax}$，否则会超过稳压二极管的允许功耗，I_z 也不能太小，应使 $I_z \geq I_{zmin}$，否则不能稳定输出电压，这样使输入电压和负载电流的变化范围都受到一定限制。

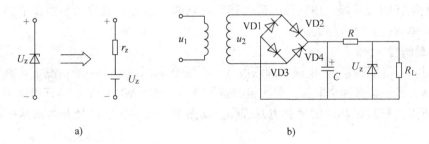

a)　　　　　　　　　　　　　　b)

图 1-16 稳压二极管及稳压电路

3. 稳压二极管的工作原理　如图 1-16 所示，稳压二极管的工作过程就是将整流后的直流电压通过限流电阻 R 送到稳压二极管两端，当电压达到稳压二极管的击穿电压时，管子被击穿，流过稳压二极管的电流变大，电流是电阻 R 提供的，电阻两端的电压将增大，使稳压二极管两端电压保持在击穿电压，当外加电压上升或下降时，流过限流电阻 R 和稳压二极管的电流变大或变小，限流电阻 R 两端的电压随之上升或下降，稳压二极管两端的电压基本保持不变。这样，当把稳压二极管接入电路以后，若由于电源电压发生波动，或其他原因造成电路中各点电压变动时，负载两端的电压将基本保持不变。

1.2.1.3　晶体管

1. 晶体管的结构　晶体管内含两个 PN 结，三个导电区域。从三个导电区域引出三个电极，分别为集电极 C、基极 B 和发射极 E，它的基本结构及电路符号如图 1-17 所示，在电路中，常用 V 或 VT 来表示。晶体管的用途非常广泛，主要用于各类放大、开关、限幅、恒流、有源滤波等电路中。

2. 晶体管的类型和管脚判别　晶体管的型号和管脚排列可从有关手册或管子的标志来确定，但有时管子上的标志丢失了，就需要用万用表来判别晶体管的类型和三个管脚。具体方法如下：将万用表置于 $R \times 100$ 或 $R \times 1k$ 挡位，红表笔任意接一个管脚，黑表笔依次接另外两个管脚，分别测量它们之间的电阻值。当红表笔接某一管脚，其余两管脚与该管脚间均为几百欧姆时，则该管为 PNP 型晶体管，红表笔所接的为 B 极。若以黑表笔为基准，即将两支表笔对调后，重复上述测量方法。若同时出现低电阻的情况，则该管为 NPN 型晶体管，黑表笔所接的为 B 极。若不能出现上述测量结果，或者管脚之间正反向测量均为无穷大或很小，则表明晶体管管脚之间断路或短路。

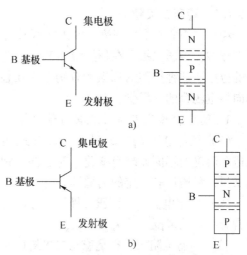

图 1-17　晶体管的基本结构和电路符号

a）NPN 型　b）PNP 型

在判别出类型和 B 极之后，再任意假定一个管脚为 E 极，另一个为 C 极。对于 PNP 型管，用红表笔接 C 极，黑表笔接 E 极，同时用手捏住管子的 B、C 极，观察万用表指针摆动的幅度，按此法对调红、黑表笔，比较两次测量表针摆动的幅度，摆动较大的那一次，红表笔接的是 C 极，黑表笔接的是 E 极。对于 NPN 型管，摆动较大的那一次，黑表笔接的是 C 极，而红表笔接的是 E 极。用这种方法也能初步判断晶体管电流放大系数 β 值的大小，摆动越大，晶体管的 β 值也越大。

1.2.1.4　晶闸管

1. 结构　晶闸管有三个电极，即阳极 A、阴极 C 和门极 G。一般情况下，有螺纹的一端是阳极 A，另一端有两个电极，引线粗的是阴极 C，细的是门极 G。用万用表测量极间电阻的方法可以判断其好坏、触发能力及管脚。其图形符号、文字符号及内部结构如图 1-18 所示。

2. 工作原理　晶闸管的阴阳极加反向电压时，只有 J2 结正向偏置，故只能通过很小的

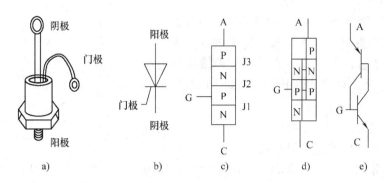

图 1-18 晶闸管

a）外形 b）图形符号 c）、d）内部结构 e）等效电路

反向漏电流，晶闸管不导通，呈反向阻断状态。在晶闸管的阴阳极加正向电压时（门极断开），J1、J3 结正向偏置，而 J2 结反向偏置，故此时还是只有极小的正向漏电流通过，晶闸管仍不导通，呈正向阻断状态。在晶闸管的阴阳极加正向电压，并在门极与阴极之间加上一定的正向触发电压 U_G，此时 J1、J2、J3 结均为正向偏置，并且由于自身的正反馈作用，即使触发电压消失，它们仍能保持导通，只有当阳极电压切除或反向时，才能使之关断。

3. 好坏判别

（1）用 $R \times 100$ 挡测量晶闸管阴阳极间的正反向电阻值，正常的晶闸管正反向电阻值都应在几百千欧以上，若只有几欧或几十欧，则说明晶闸管已短路损坏。

（2）用 $R \times 10k$ 挡或 $R \times 1$ 挡测量门极与阴极间的正向电阻应很小（几十欧），反向电阻应很大（几十至几百千欧），但有时由于门极 PN 结特性并不太理想，反向呈不完全阻断状态，故有时测得的反向电阻不是太大（几千欧或几十千欧），这并不能说明门极特性不好，测试时，如果门极与阴极间的正反向电阻都很小（接近0）或很大，这说明晶闸管已损坏。

4. 管脚判别 将万用表量程拨至 $R \times 1$ 挡，将黑表笔接阳极，红表笔接阴极，记下表针位置。然后用一导线或通过开关将晶闸管阳极与门极短路一下（这相当于给门极加上正向控制电压），晶闸管导通，读数为几欧至几十欧。再把导线断开，若读数不变，说明晶闸管良好。本法仅适用于小容量晶闸管，对于中容量和大容量晶闸管可在万用表 $R \times 1$ 挡上，再串联一节 1.5V 干电池进行测试。

1.2.1.5 单结晶体管

1. 结构 单结晶体管由一个 PN 结、发射极 e、第一基极 b1（离 e 较远）和第二基极 b2（离 e 较近）组成，由于有两个基极，故又称为双基极二极管。其外形、图形符号和等效电路如图 1-19 所示。

图中 VD 代表发射极 e 与基极 b1、b2 间的等效二极管，因此，单结晶体管的发射极与任一基极间都有单向导电性，而基极 b1 与 b2 之间有 $2 \sim 12k\Omega$ 的电阻。

2. 工作原理 单结晶体管工作时，如果 $U_e < U_{b1}$，则 PN 结反向截止，e、b1 极之间是高阻状态。如果 $U_e > U_p$（U_p 为峰点电压，且 $U_p = U_{b1} + U_v$，一般 U_v 为 0.6 ~ 0.7V，为 PN

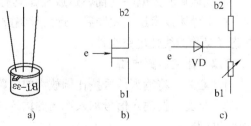

图 1-19 单结管外形、图形符号和等效电路

a）外形 b）图形符号 c）等效电路

的正向电压降，即谷点电压），则 PN 结正向导通，e、b1 极间的电阻突然减小，发射极 e 即流过一个很大的脉冲电流，导通后，只要 $U_e > U_v$，它就能维持导通状态，当 $U_e < U_v$ 时，它就呈截止状态，如图 1-20 所示。

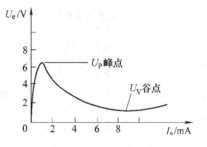

图 1-20　单结管工作原理

3. 单结晶体管管脚判别

（1）发射极 e：万用表置于 $R \times 1k$ 挡，任意测量两个管脚间的正反向电阻，其中必有两个电极间的正反向电阻是相等的，为 $3 \sim 10k\Omega$（这两个管脚分别为第一基极 b1 和第二基极 b2），则剩余一个管脚为发射极 e（因为单结晶体管是在一块高电阻率的 N 型硅半导体基片上引出两个欧姆接触的电极作为两个基极 b1、b2，b1 和 b2 之间的电阻就是硅片本身的电阻，正反向电阻相同）。

（2）b1、b2 极：测量发射极与某一基极间的正向电阻，阻值较大的为 b1，阻值较小的为 b2。

4. 用万用表判别单结晶体管和普通晶体管（NPN）　单结晶体管不但外形与普通晶体管相似，而且与 NPN 型晶体管测量时也有相似之处，单结晶体管（双基二极管）的发射极 e 对两个基极 b1、b2 均呈现 PN 结的正向特性。正小反大，与普通 NPN 型晶体管特性一样，利用单晶体管的 b1、b2 之间没有 PN 结的特性，可以与普通 NPN 型晶体管相区别。b1、b2 间正反向电阻都一样，为 $3 \sim 10k\Omega$，而 NPN 型晶体管的 C、E 极之间是一个正向 PN 结和一个反向 PN 结串联，用万用表测量时正反向阻值都很大。

1.2.1.6　桥堆

1. 桥堆好坏判别　利用桥堆相邻两个管脚间都有一个 PN 结（正向导通，反向阻断），如果有相邻两个管脚正反向电阻都无穷大（开路）或很小接近 0（短路）情况，桥堆已经损坏。

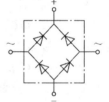

图 1-21　桥堆的内部结构

2. 管脚判别　万用表打到 $R \times 1k$ 挡，选定一管脚接到万用表黑（红）表笔上，红（黑）表笔分别接到其余 3 个管脚。如果 3 个阻值都很小，则所选定管脚为桥堆直流输出负（正）极端，若有大有小，则为桥堆输入电源端，如图 1-21 所示。

1.2.2　集成运算放大器

1.2.2.1　集成运算放大电路

集成运算放大电路（简称运放）是具有放大倍数很高的直接耦合放大器，如图 1-22 所示。在半导体技术迅速发展后，运放被集成在一小块硅片上（简称芯片），称它为模拟集成电路（又称为线性电路组件）。

1.2.2.2　比例运算电路

1. 定义　将输入信号按比例放大的电路，称为比例运算电路。

2. 分类　按输入信号加入不同的输入端分，可分为反相比例电路、同相比例电路、差动比例电路。

比例放大电路是集成运算放大电路的主要放大形式。

（1）反相比例电路。输入信号加入反相输入端，电路如图 1-23 所示。

因为 $U_- = U_+ = 0$，$I_- = I_+ = 0$，则有

$$I_1 = \frac{U_i - U_-}{R_f} = \frac{U_i}{R_1} = I_f$$

$$U_o = -I_f R_f = -\frac{R_f}{R_1} U_i$$

可以看出：U_o 与 U_i 是比例关系，改变比例系数，即可改变 U_o 的数值。负号表示输出电压与输入电压极性相反。

反向比例电路的特点如下：

1）反向比例电路由于存在"虚地"，因此，它的共模输入电压为零，即它对集成运放的共模抑制比要求低。

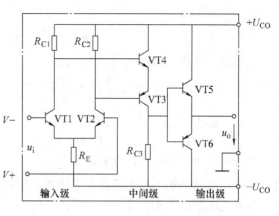

图 1-22 集成运放的简化示意图

2）输入电阻低，即 $r_i = R_1$。因此，对输入信号的负载能力有一定的要求。

（2）同相比例电路。输入信号加入同相输入端，电路如图 1-24 所示。

因为 $U_- = U_+ = U_i$，$I_- = I_+ = 0$，则有

$$U_- = \frac{R_1}{R_1 + R_f} U_o$$

$$U_o = \left(\frac{R_1 + R_f}{R_1}\right) U_- = \left(1 + \frac{R_f}{R_1}\right) U_i$$

改变 R_f/R_1 即可变 U_o 的值，输入、输出电压的极性相同。

同相比例电路的特点如下：

1）输入电阻高。

2）由于 $U_- = U_+ = U_i$（电路的共模输入信号高），因此集成运放的共模抑制比要求高。

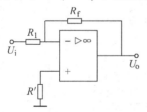

图 1-23　反相比例电路

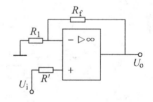

图 1-24　同相比例电路

（3）差动比例电路。输入信号分别加之反相输入端和同相输入端，如图 1-25 所示。

它的输出电压为

$$U_o = \frac{R_f}{R_1}(U_{i2} - U_{i1})$$

由此我们可以看出，它实际完成的是对两输入信号的差值运算。

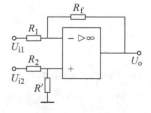

图 1-25　差动比例电路

1.2.2.3　和、差电路

1. 反相求和电路　它的电路如图 1-26 所示（输入端的个数可根据需要进行调整）。

其中电阻 R' 为

$$R' = R_1 /\!/ R_2 /\!/ R_3 /\!/ R_f$$

它的输出电压与输入电压的关系为

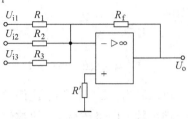

$$U_o = -\left(\frac{R_f}{R_1}U_{i1} + \frac{R_f}{R_2}U_{i2} + \frac{R_f}{R_3}U_{i3}\right)$$

它可以模拟方程为

$$Y = -(a_0X_0 + a_1X_1 + a_2X_2)$$

它的特点与反相比例电路相同。它可十分方便地通过改变某一电路的输入电阻来改变电路的比例关系，而不影响其他电路的比例关系。

图 1-26 反相求和电路

2. **同相求和电路** 它的电路如图 1-27 所示（输入端的个数可根据需要进行调整）。

它的输出电压与输入电压的关系为

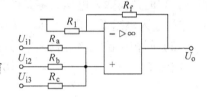

$$U_o = R_f\left(\frac{U_{i1}}{R_a} + \frac{U_{i2}}{R_b} + \frac{U_{i3}}{R_c}\right)$$

它的调节不如反相求和电路，而且它的共模输入信号大，因此它的应用不很广泛。

3. **和差电路** 它的电路如图 1-28 所示。

图 1-27 同相求和电路

此电路的功能是对 U_{i1}、U_{i2} 进行反相求和，对 U_{i3}、U_{i4} 进行同相求和，然后进行的叠加即得和差结果。

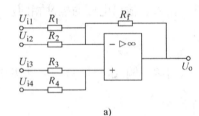

a)

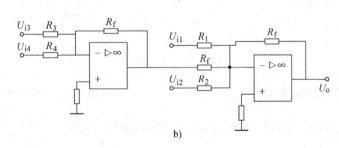

b)

图 1-28 和差电路

它的输入输出电压的关系为

$$U_o = R_f\left(\frac{U_{i3}}{R_3} + \frac{U_{i4}}{R_4} - \frac{U_{i1}}{R_1} - \frac{U_{i2}}{R_2}\right)$$

由于该电路用一只集成运放，它的电阻计算和电路调整均不方便，因此我们常用二级集成运放组成和差电路。

它的输入输出电压的关系为

$$U_o = R_f\left(\frac{U_{i3}}{R_3} + \frac{U_{i4}}{R_4} - \frac{U_{i1}}{R_1} - \frac{U_{i2}}{R_2}\right)$$

它的后级对前级没有影响（采用的是理想的集成运放），它的计算十分方便。

1.2.2.4　积分电路和微分电路

1. 积分电路　它可实现积分运算及产生三角波形等。积分运算是：输出电压与输入电压呈积分关系。它的电路如图 1-29 所示。

它是利用电容器的充放电来实现积分运算的。

它的输入、输出电压的关系为

$$u_o = \frac{-1}{RC}\int_{t_0}^{t_1} u_i \mathrm{d}t + u_C\Big|_{t=0}$$

其中，$u_C\big|_{t=0}$ 表示电容器两端初始电压。

如果电路输入的电压波形是方形，则产生三角波形输出。

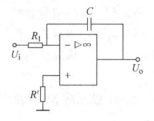

图 1-29　积分电路

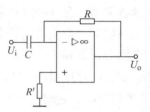

图 1-30　微分电路

2. 微分电路　微分是积分的逆运算，它的输出电压与输入电压呈微分关系。电路如图 1-30 所示。

它的输入、输出电压的关系为

$$u_o = -Ri_f = -Ri_C = -RC\frac{\mathrm{d}u_i}{\mathrm{d}t}$$

1.2.2.5　对数和指数运算电路

1. 对数运算电路　对数运算电路就是输出电压与输入电压呈对数函数。我们把反相比例电路中的 R_f 用二极管或晶体管代替即组成了对数运算电路。电路如图 1-31 所示。

它的输入、输出电压的关系为

$$u_o \approx -U_T\ln\frac{u_i}{RI_s}$$

其中，$-U_T$ 为一常数，室温时约等于 26mV；I_s 为反相饱和电流。

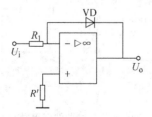

图 1-31　对数运算电路

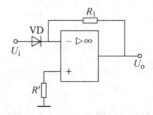

图 1-32　指数运算电路

2. 指数运算电路　指数运算电路是对数运算的逆运算，将指数运算电路的二极管（晶体管）与电阻 R_1 对换即可。电路如图 1-32 所示。

它的输入、输出电压的关系为

$$u_o = -I_s Re^{\frac{U_i}{U_T}}$$

利用对数和指数运算以及比例，运算、和差运算电路，可以组成乘法或除法运算电路和其他非线性运算电路。

1.2.2.6 滤波电路的基础知识

1. 滤波电路的作用　允许规定范围内的信号通过，而使规定范围之外的信号不能通过。

2. 滤波电路的分类　按工作频率的不同，可以分为以下几种：

（1）低通滤波器：允许低频信号通过，将高频信号衰减。

（2）高通滤波器：允许高频信号通过，将低频信号衰减。

（3）带通滤波器：允许一定频带范围内的信号通过，将此频带外的信号衰减。

（4）带阻滤波器：阻止某一频带范围内的信号通过，而允许此频带以外的信号衰减。

我们在电路分析课程中已经学习过，利用电阻、电容等无源器件构成滤波电路，但它有很大的缺陷，如：电路增益小，驱动负载能力差等。

1）低通滤波电路。它的电路如图 1-33a 所示。我们以无源滤波网络 RC 接至集成运放的同相输入端为例，它的幅频特性如图 1-33b 所示

$$\dot{A} = \frac{\dot{U}_o}{\dot{U}_i} = \left(1 + \frac{R_f}{R_1}\right)\frac{1}{1 + j\omega RC} = \frac{A_{up}}{1 + j\dfrac{\omega}{\omega_o}}$$

它的传输函数为

$$A_{up} = \left(1 + \frac{R_f}{R_1}\right) \quad \omega_o = \frac{1}{RC}$$

其中，A_{up} 为通带电压放大倍数。

对于低通有源滤波电路，我们可以通过改变电阻 R_f 和 R_1 的大小来调节通带电压的放大倍数。

2）高通滤波电路。它的电路如图 1-34a 所示。我们以无源滤波网络 RC 接至集成运放的反相输入端为例，同样可以得到它的幅频特性如图 1-34b 所示。

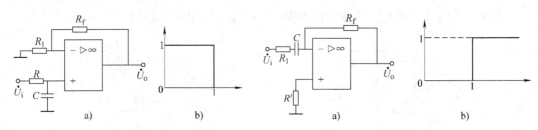

图 1-33　低通滤波电路及幅频特性　　　　图 1-34　高通滤波电路
　　　a）电路　b）幅频特性　　　　　　　　a）电路　b）幅频特性

它的传输函数为

$$\dot{A} = \frac{\dot{U}_o}{\dot{U}_i} = -\frac{\dfrac{R_f}{R_1}}{1 - j\dfrac{\omega_o}{\omega}} = \frac{A_{up}}{1 - j\dfrac{\omega_o}{\omega}}$$

$$A_{up} = -\frac{R_f}{R_1} \qquad \omega_o = \frac{1}{R_1 C}$$

3）带通滤波电路和带阻滤波电路。将低通滤波电路和高通滤波电路进行不同组合，即可获得带通滤波电路和带阻滤波电路，如图1-35所示。

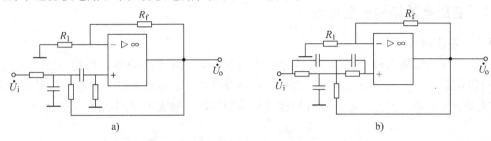

图1-35 带通滤波电路和带阻滤波电路

a）带通滤波电路 b）带阻滤波电路

1.2.2.7 电压比较器

电压比较器的功能是：比较两个电压的大小（用输出电压的高或低电平，表示两个输入电压的大小关系）。

电压比较器的作用是：它可用作模拟电路和数字电路的接口，还可以用作波形产生和变换电路等。

注意：电压比较器中的集成运放通常工作在非线性区，即满足如下关系：

当 $U_- > U_+$ 时，$U_O = U_{OL}$。

当 $U_- < U_+$ 时，$U_O = U_{OH}$。

我们把参考电压和输入信号分别接至集成运放的同相和反相输入端，就组成了简单的电压比较器，如图1-36所示。

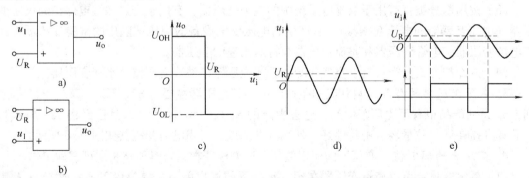

图1-36 简单电压比较器

a）$U_- > U_+$ b）$U_- < U_+$ c）传输特性 d）输入波形 e）输出波形

下面我们对它们进行分析（只对图1-36a所示的电路进行分析）：

它的传输特性如图1-36c所示。它表明：输入电压从低逐渐升高经过 U_R 时，u_o 将从高电平变为低电平。相反，当输入电压从高逐渐到低时，u_o 将从低电平变为高电平。

我们将比较器的输出电压从一个电平跳变到另一个电平时对应的输入电压的值称为门限电压，又称为阈值，用符号 U_{TH} 表示。

利用简单电压比较器可将正弦波变为同频率的方波或矩形波。

1.3 电力拖动

1.3.1 变压器的结构原理与运行

1.3.1.1 变压器

电力变压器是用来改变交流电压大小的电气设备。发电机发电时，输出电压不能过高，否则绝缘难以承受。而电力远距离输送时，必须提高电压，减小电流。用电部门根据用电电压等级来降压用电。因此，电压的升降都要使用变压器。输配电框图如图 1-37 所示。

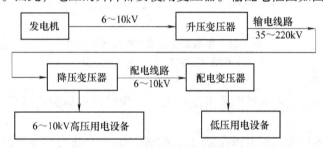

图 1-37　输配电框图

1. **变压器的用途**　发电机输出的电压，由于受发电机绝缘水平的限制，通常为 6.3kV、10.5kV。

2. **变压器的分类**

（1）按电压的升降分类：有升压变压器和降压变压器两种。

（2）按相数分类：有单相变压器、三相变压器及多相变压器三种。

（3）按用途分类：有用于供配电系统中的电力变压器，有用于测量和继电保护的仪用变压器（电压互感器和电流互感器），有产生高电压供电设备的耐压试验用的试验变压器，还有电炉变压器、电焊变压器和整流变压器等特殊用途的变压器。

（4）按冷却方式分类：有以空气冷却的干式变压器，油冷变压器，水冷变压器。

3. **常用变压器的型号**　目前我国生产的中小型变压器主要有 S7、SL7、SF7、SZ7 等系列，S9 系列产品也有不少厂家生产。过去生产的 SJ 系列和 SZ 系列产品已经淘汰。新系列产品具有损耗低、重量轻、密封性好、外观美等优点，三相电力变压器如图 1-38 所示。

4. **变压器的额定值**　变压器的额定值是保证变压器在运行时能够长期可靠地工作。

（1）额定容量：可以衡量变压器在额定状态下的输出能力。单位以 V·A 或 kV·A 表示。符号是 S_e。

单相变压器：$S_e = U_{1e}I_{1e} = U_{2e}I_{2e}$

三相变压器：$S_e = \sqrt{3}U_{1e}I_{1e} = \sqrt{3}U_{2e}I_{2e}$

按照国家标准，三相变压器的额定容量分为 3 个标准类别：

第 I 类：小于 3150kV·A。

第 II 类：3150 ~ 4000kV·A。

第 III 类：4000kV·A 以上。

（2）额定电压：是指变压器空载时端电压的保证值，单位是 V 或 kV。符号是 U_{2e}、U_{1e}。

我国输变电线路电压等级（kV）为：0.38、3、6、10、35、63、110、220、330、500。

输变电线路电压等级就是线路终端的电压值，因此连接线路终端变压器一侧的额定电压与上列数值相同。线路始端（电源端）电压考虑了线路的压降将比终端等级电压要高。35kV 以下电压等级的始端额定电压比终端电压等级要高 5%，而 35kV 及以上的要高 10%，线路始端（电源端）电压值（kV）为：0.4、3.15、6.3、10.5、38.5、69、121、242、363、550。

由此可知，高压额定电压等于线路始端电压的变压器为升压变压器，等于线路终端电压（电压等级）的变压器为降压变压器。

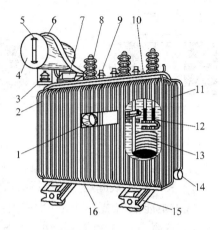

图 1-38　三相电力变压器
1—温度计　2—铭牌　3—吸湿器　4—储油柜　5—油位计　6—安全气道　7—气体继电器　8—高压套管　9—低压套管　10—分接开关　11—油箱　12—铁心　13—绕组　14—放油阀门　15—小车　16—引线接地螺栓

变压器产品系列是以高压的电压等级而分的，现在电力变压器的系列分为：10kV 及以下、35kV、63kV、110kV 和 220kV 等系列。

（3）额定电流：是根据容许耐热的条件而规定的满载电流，单位为 A，符号为 I_{2e}、I_{1e} 额定电流是指线电流。

（4）空载损耗：也叫铁损（或不变损耗），是变压器在空载时的有功功率损失，单位为 W 或 kW。

（5）空载电流：当向变压器一次绕组施加额定功率的额定电压时，其他绕组开路，流经一次绕组的电流。

（6）短路电压百分数：是指将一侧绕组短路，另一侧绕组达到额定电流时所施加的电压与额定电压的百分比。

（7）短路损耗：又称铜损（可变损耗），是指一侧绕组短路，另一则绕组施以电压使两侧绕组都达到额定电流时的有功损耗，单位是 W 或 kW。

（8）联结组标号：表示一、二次绕组的联结方式及线电压之间的相位关系。

5. 三相电力变压器

（1）铁心：

1）变压器的铁心由心柱和铁轭两部分组成。

线圈套装在心柱上，而铁轭则用来使整个磁路闭合。铁心常用厚度为 0.35 ~ 0.5mm 的硅钢片加工制造，并在硅钢片上涂绝缘漆。

2）变压器按线圈与铁心配置不同，将铁心分为心式和壳式两种，如图 1-39 所示。

壳式变压器的导热性能较好，制造工艺复杂，用于小电源变压器。心式变压器的制造工艺较简单，我国电力变压器都采用心式结构。

（2）线圈：

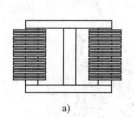
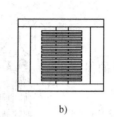
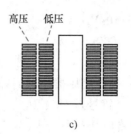
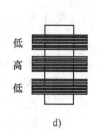

图 1-39　变压器的构造

a）心式　b）壳式　c）同心式　d）交叠式

1）变压器的线圈是用绝缘铜线或铝线绕成的。

吸取电能端的线圈叫做一次线圈；输出电能端的线圈叫做二次线圈。

2）按照一、二次线圈在铁心中布置方式不同，变压器线圈的结构有同心式和交叠式两种。电力变压器采用同心式，结构简单，制造方便。交叠式线圈的主要优点是机械强度好，引线方便，但绝缘比较复杂，一般用于低电压、大电流的变压器上，如电炉变压器、电焊变压器等。

（3）油箱：油箱是变压器的外壳，箱内灌满变压器油。变压器油具有绝缘、散热两种作用。

（4）绝缘套管：绝缘套管是将高、低压线圈的引线引到油箱外部，可分为纯瓷型（1kV以下）、充油型（10～35kV）和电容型（110kV以上）等。

（5）储油柜：它减小了变压器油与空气的接触面及氢化和潮湿的影响。储油柜里的油位不得超出最高和最低位线。

（6）吸湿器：内盛干燥剂，吸收进入储油柜内空气中的水分。

（7）防爆管：防爆管管口膜片（3～5mm 厚的玻璃）可以防止油箱因压力突然增大而变形或爆炸。

1.3.1.2　三相变压器绕组的联结组标号

三相变压器有 6 个线圈，一次线圈和二次线圈如何连接，对变压器的运行性能有着很大的影响。

1. 一、二次线圈的极性

（1）变压器除了能够改变电压外，还能改变一、二次电压的相位关系，如图 1-40 所示。

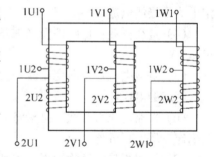

图 1-40　三相变压器线圈

（2）同名端：在某一瞬间，一次线圈、二次线圈的端头同为正（高电位）时，这两个端头，就叫同极性端或同名端。国家标准规定的三相变压器绕组联结组标号见表 1-2。

表 1-2　国家标准规定的三相变压器绕组联结组标号

联结图		相量图		联结组标号
高压	低压	高压	低压	
1U 1V 1W	N 2U 2V 2W	1V 1W 1U	2V 2W N 2U	Yyn0

（续）

联结图		相量图		联结组标号
高压	低压	高压	低压	
1U 1V 1W	2U 2V 2W	1V / 1W / 1U	2V 2W / 2U	Yd11
N 1U 1V 1W	2U 2V 2W	1V / 1W / 1U N	2V 2W / 2U	YNd11
N 1U 1V 1W	2U 2V 2W	1V / 1W / 1U N	2V 2W / 2U	YNy0
1U 1V 1W	2U 2V 2W	1V / 1W / 1U	2V 2W / 2U	Yy0

2. 三相变压器的接线组别

（1）三相变压器中，三个一次线圈与三相交流电源连接应当有两种接法，即 Y 和 △，Y 把中性点引出，接线方式用 YN 表示。

（2）一、二次绕组可有如下的组合：

Yy 或 Yyn、Yd 或 YNd、Dy 或 YYy 等。

（3）一、二次绕组间电势的相位关系。

目前，我国标准变压器的联结组标号有三种：

1）Y yn0：一般用于容量不大的（不超过 1600kV·A）配电变压器和变电所。

2）Y d11：用于中等容量、电压为 10kV 或 35kV 的电网及电厂。

3）Y Nd11：一般用于 110kV 及以上电力系统中。

1.3.1.3 变压器的选用

1. 变压器的容量选择　需要根据用电负荷的类别、负荷的大小选择。负荷率一般取 85% 左右，即变压器容量取计算负荷量的 1.18 倍。

2. 变压器一、二次绕组额定电压的选择　一次额定电压与当地供电电源电压相吻合。二次电压与用电负荷需要的电压相吻合。

1.3.1.4 仪用互感器

专供测量仪表使用的变压器称为仪用互感器，简称互感器。

互感器分为电压互感器和电流互感器两大类。

1. 电压互感器

1）一次绕组匝数多，线细。二次绕组匝数少，线径粗。相当于变压器空载运行。

2）根据 $U_1/U_2 = K_U$ 和 $U_1 = K_U U_2$，可直接读出电压值。二次绕组的额定电压均为100V。电压比不同，例如 1000/100、600/100 等。

3）绕组跨接在供电线路上，低压绕组应与电压表相连。

4）工作安全。

① 电压互感器的二次绕组不允许短路。

② 铁心外壳及二次绕组的一端都必须接地。

③ 一、二次绕组都接入熔断器。

2. 电流互感器

1）一次绕组匝数少，线粗。二次绕组匝数多，线细。相当于变压器空载运行。

2）根据 $I_1/I_2 = K_I$ 和 $I_1 = K_I I_2$，可直接读电流值。二次绕组的额定电流均为5A。

3）绕组串接在供电线路上，低压绕组应与电流表相连。

4）工作安全。

① 电流互感器的二次绕组不允许开路。二次绕组不允许接熔断器。

② 铁心外壳及二次绕组的一端都必须接地。

1.3.2 直流电动机及拖动原理

目前电梯的拖动系统分为直流电机拖动和交流电机拖动两大类。直流电机拖动又有直流发电机—电动机晶闸管励磁拖动和晶闸管直接供电动机拖动两种类型。交流电机拖动分为单速、双速和三速三相异步电动机拖动、三相异步电动机定子调压调速拖动和三相异步电动机调频调压调速拖动几种。

1.3.2.1 直流电机的基本结构和基本工作原理

直流电机有定子和转子两大部分。定子上安装着主磁极（极身上绕着励磁绕组），给励磁绕组通入电流就建立了主磁场。定子上还安装了换向极和电刷装置。换向极绕组与转子绕组串联，起抵消电枢反应、改善换向的作用。电刷装置与转子上的换向器配合使电机内外电路接通。转子又称为电枢，它是完成机电能量转换的主要部件。它由电枢铁心、电枢绕组和换向器组成，如图1-41所示。

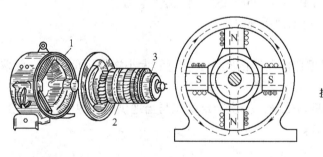

图1-41 直流电机的结构
1—磁极 2—电枢 3—换向器

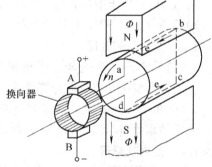

图1-42 直流发电机的工作原理

如图1-42所示，直流电机作发电机运行时，电枢由原动机驱动并在磁场中旋转，在电枢线圈的两根有效边中感应出交变电动势，由换向器和电刷的整流作用变成稳定的直流输出。

直流电机作电动机运行时，将直流电通入电枢绕组。经电刷和换向器后变为槽导体中的交变电流，使得 N 极下的有效边电流方向总保持一个不变的方向，而 S 极下的有效边电流方向也保持另一个方向。只有这样才能使两个边上受到的电磁力方向一致，从而使转子旋转起来。

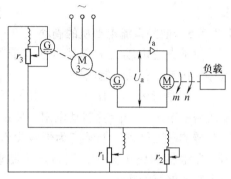

图 1-43 发电机—电动机调速系统

1.3.2.2 电机调速

在直流电梯上使用较多的是发电机—电动机调速系统，如图 1-43 所示。

调节发电机的励磁电流，就改变了发电机的输出电压，进而实现了电动机的调压调速，即调节电动机的励磁电流就实现了电动机的弱磁调速。如果降压、弱磁并用，可增大调速范围。上述技术在工业上应用很广泛，因为它的起动、调速、制动性能都较好。但它的缺点是占地面积大，噪声大。所以，在晶闸管变流技术飞速发展的今天，许多地方都采用晶闸管调压装置直接给电动机供电，取代发电机—电动机调速机组。电梯行业中，已开始应用大功率晶体管或晶闸管调速装置直接给电动机供电。

大功率晶体管或晶闸管调速装置，如图 1-44 所示。

它靠调节晶闸管装置的输出电压，进而改变发电机的磁场，从而调节了发电机的输出电压，也就实现了电动机的调压调速。

图 1-45 所示为快速电梯速度自动调节系统的原理框图。

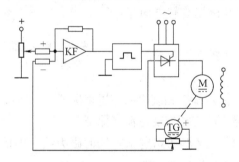

图 1-44 晶闸管调速装置

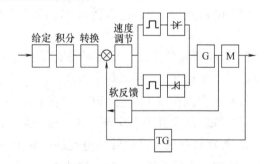

图 1-45 快速电梯速度自动调节系统的原理框图

给定信号经过积分和转换两个环节后，得出一个以时间为原则的速度给定信号。测速发电机可以取得与电梯速度成正比的电压信号。速度给定信号与测速发电机电压比较后，得到的误差信号加到具有比例—积分的速度调节器进行放大调节，其输出加到反并联的两组触发器上，使两组触发器同时得到两个符号相反、大小相等的控制信号，控制两组触发器的输出脉冲同时向相反方向作相等角度的移动，用以控制晶闸管整流器的输出电压的大小和极性。晶闸管整流器的输出电压控制直流发电机的励磁，使发电机电枢绕组输出电压随之变化，电动机的转速随发电机输出电压的变化而变化，达到了自动调节的目的。

图 1-46 所示为直流高速电梯速度自动调节系统的原理框图。

与快速电梯相比较，它增加了电流调节器、电流检测、预负载信号和电平检测等环节。

1.3.2.3 他励直流电动机的制动

他励直流电动机的制动方法有能耗制动、电源反接制动和回馈制动等。

（1）能耗制动：比较简单。拉闸后，在电枢回路中串入一个能耗制动电阻，使以惯性继续旋转的电动机将动能转变为惯性发电的电能消耗在电枢回路电阻中，同时产生制动转矩，达到快速停车的目的。

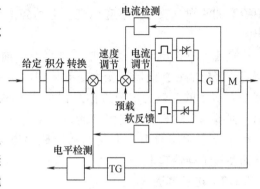

图1-46 直流高速电梯速度自动调节系统的原理框图

（2）电源反接制动：效果强烈，制动电流大，电梯控制中很少采用。

（3）回馈制动：是一种节能的制动方法。它将制动时的动能或位能转变成电能回送到电网中，但这种制动稳态运行的转速太高。

1.3.3 调压调速与变频调速

1.3.3.1 异步电动机概述

1. 异步电动机旋转原理 异步电动机的电磁转矩是由定子主磁通和转子电流相互作用产生的，如图1-47所示。

（1）磁场以转速 n_0 顺时针旋转，转子绕组切割磁力线，产生转子电流。

（2）通电的转子绕组相对磁场运动，产生电磁力。

（3）电磁力使转子绕组以转速 n 旋转，其方向与磁场旋转方向相同。

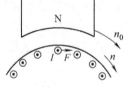

图1-47 异步电动机旋转原理

2. 旋转磁场的产生 旋转磁场实际上是三个交变磁场合成的结果。这三个交变磁场应满足如下条件：

（1）在空间位置上互差120°电角度。这一点，由定子三相绕组的布置来保证。

（2）在时间上互差120°相位角。这一点，由通入的三相交变电流来保证。

3. 电动机转速 产生转子电流的必要条件是转子绕组切割定子磁场的磁力线。因此，转子的转速 n 必须低于定子磁场的转速 n_0，两者之差称为转差，即

$$\Delta n = n_0 - n$$

转差与定子磁场转速（常称为同步转速）之比，称为转差率，即

$$s = \Delta n / n_0$$

同步转速 n_0 可表示为

$$n_0 = 60f/p$$

式中，f 为输入电流的频率，p 为旋转磁场的极对数。

由此，可得转子的转速为

$$n = 60f(1-s)/p$$

1.3.3.2 异步电动机调速

由转速 $n = 60f(1-s)/p$ 可知，异步电动机调速有以下几种方法：

1. 改变磁极对数 p（变极调速） 定子磁场的极对数取决于定子绕组的结构。所以，要改变 p，必须将定子绕组制为可以换接成两种磁极对数的特殊形式。通常一套绕组只能换接成两种磁极对数。

变极调速的主要优点是设备简单、操作方便、机械特性较硬、效率高，既适用于恒转矩调速，又适用于恒功率调速；其缺点是有极调速，且极数有限，因而只适用于不需平滑调速的场合。

2. 改变转差率 s（变转差率调速） 以改变转差率为目的的调速方法有：定子调压调速、转子变电阻调速、电磁转差离合器调速、串极调速等。

（1）定子调压调速。当负载转矩一定时，随着电动机定子电压的降低，主磁通减少，转子感应电动势减少，转子电流减少，转子受到的电磁力减少，转差率增大，转速减小，从而达到速度调节的目的；同理，定子电压升高，转速增加。

调压调速的优点是调速平滑，采用闭环系统时，机械特性较硬，调速范围较宽；缺点是低速时，转差功率损耗较大，功率因数低，电流大，效率低。调压调速既非恒转矩调速，也非恒功率调速，比较适合于风机泵类特性的负载。

例如：分体机上的室内风机就是利用定子电压调速的方法进行调速的，其调速电路如图 1-48 所示。

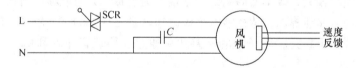

图 1-48 风机调速电路

根据风机速度的反馈信号，控制晶闸管导通的触发延迟角，从而控制风机定子的输入电压，以控制风机的风速。

前面讲在空间位置上互差 120°电角度的三相绕组通以在时间上互差 120°相位角的三相交变电流可产生旋转磁场，同样，在空间位置上互差 90°电角度的两相绕组通以在时间上互差 90°相位角的两相交变电流也可产生旋转磁场。图 1-48 中，电容器 C 的作用就是把一相电流移相，以产生两相在时间上互差 90°相位角的交变电流，在空间位置上互差 90°电角度的两相绕组是由风机的内部结构来保证的。

（2）转子变电阻调速。当定子电压一定时，电动机主磁通不变，若减小定子电阻，则转子电流增大，转子受到的电磁力增大，转差率减小，转速降低；同理，增大定子电阻，转速增加。

转子变电阻调速的优点是设备和电路简单，投资费用不高，但其机械特性较软，调速范围受到一定限制，且低速时转差功率损耗较大，效率降低，经济性较差。目前，转子变电阻调速只在一些调速要求不高的场合下使用。

（3）电磁转差离合器调速。异步电动机电磁转差离合器调速系统以恒定转速运转的异步电动机为原动机，通过改变电磁转差离合器的励磁电流进行速度调节，如图 1-49 所示。

电磁转差离合器由电枢和磁极两部分组成，两者之间没有机械联系，均可自由旋转。离

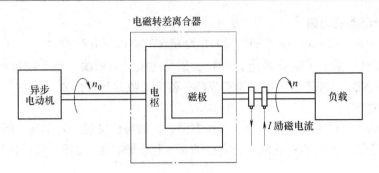

图 1-49　电磁转差离合器调速工作原理

合器的电枢与异步电动机转子轴相连并以恒速旋转，磁极与工作机械相连。

电磁转差离合器的工作原理是：如果磁极内励磁电流为零，电枢与磁极间没有任何电磁联系，磁极与工作机械静止不动，相当于负载被"脱离"；如果磁极内通入直流励磁电流，磁极即产生磁场，电枢由于被异步电动机拖动旋转，因而电枢与磁极间有相对运动而在电枢绕组中产生电流，并产生力矩，磁极将沿着电枢的运转方向而旋转，此时负载相当于被"合上"，调节磁极内通入的直流励磁电流，就可调节转速。

电磁转差离合器调速的优点是控制简单，运行可靠，能平滑调速，采用闭环控制后可扩大调速范围，运用于通风类或恒转矩类负载；其缺点是低速时损耗大，效率低。

（4）串极调速。前面介绍的定子调压调速、转子变电阻调速、电磁转差离合器调速均存在着转差功率损耗较大、效率低的问题，是很大的浪费。如何能够将消耗于转子电阻上的功率利用起来，同时又能提高调速性能？串极调速就是在这样的指导思想下提出来的。

串极调速的基本思想是将转子中的转差功率通过变换装置加以利用，以提高设备的效率。

串极调速的工作原理实际上是在转子回路中引入了一个与转子绕组感应电动势频率相同的可控的附加电动势，通过控制这个附加电动势的大小，来改变转子电流的大小，从而改变转速。

串极调速具有机械特性比较硬、调速平滑、损耗小、效率高等优点，便于向大容量发展，但它也存在着功率因数较低的缺点。

3. **改变频率 f（变频调速）** 当极对数 p 不变时，电动机转子转速与定子电源频率成正比，因此，连续地改变供电电源的频率，就可以连续平滑地调节电动机的转速。

异步电动机变频调速具有调速范围广、调速平滑性能好、机械特性较硬的优点，可以方便地实现恒转矩或恒功率调速，整个调速特性与直流电动机调压调速和弱磁调速十分相似，并可与直流调速相媲美。

1.3.3.3 异步电动机变频调速

1. **变频器与逆变器、斩波器** 变频调速是以变频器向交流电动机供电，并构成开环或闭环系统。变频器是把固定电压、固定频率的交流电变换为可调电压、可调频率的交流电的变换器，是异步电动机变频调速的控制装置。逆变器是将固定直流电压变换成固定的或可调的交流电压的装置（DC—AC 变换）。将固定直流电压变换成可调的直流电压的装置称为斩波器（DC—DC 变换）。

2. **变压变频调速（VVVF）** 在进行电动机调速时，通常要考虑的一个重要因素是，希望保持电动机中每极磁通量为额定值，并保持不变。

如果磁通太弱，即电动机出现欠励磁，将会影响电动机的输出转矩，有

$$T_M = K_T \Phi_M I_2 \cos\varphi_2$$

式中 T_M——电磁转矩；

Φ_M——主磁通；

I_2——转子电流；

$\cos\varphi_2$——转子回路功率因数；

K_T——比例系数。

可知，电动机磁通的减小，势必造成电动机电磁转矩的减小。

由于电动机设计时，电动机的磁通常处于接近饱和值，如果进一步增大磁通，将使电动机铁心出现饱和，从而导致电动机中流过很大的励磁电流，增加电动机的铜损耗和铁损耗，严重时会因绕组过热而损坏电动机。

因此，在改变电动机频率时，应对电动机的电压进行协调控制，以维持电动机磁通的恒定。

为此，用于交流电气传动中的变频器实际上是变压（Variable Voltage，简称 VV）变频（Variable Frequency，简称 VF）器，即 VVVF。所以，通常也把这种变频器叫做 VVVF 装置或 VVVF。

根据异步电动机的不同控制方式，变压变频调速可分为恒定压频比（V/F）控制变频调速、矢量控制（FOC）变频调速、直接转矩控制变频调速等。

3. 变频器分类

（1）从变频器主电路的结构形式上，它可分为交—直—交变频器和交—交变频器。

图 1-50 交—直—交变频器主电路的结构

交—直—交变频器首先通过整流电路将电网的交流电整流成直流电，再由逆变电路将直流电逆变为频率和幅值均可变的交流电。交—直—交变频器主电路的结构如图 1-50 所示。

交—交变频器把一种频率的交流电直接变换为另一种频率的交流电，中间不经过直流环节，又称为周波变换器。它的基本结构如图 1-51 所示。

常用的交—交变频器输出的每一相都是一个两组晶闸管整流装置反并联的可逆电路。正、反向两组晶闸管整流装置按一定周期相互切换，在负载上就能够获得交变的输出电压 u_o。输出电压 u_o 的幅值决定于各组整流装置的触发延迟角 α，输出电压 u_o 的频率决定于两组整流装置的切换频率。如果触发延迟角 α 一直不变，则输出

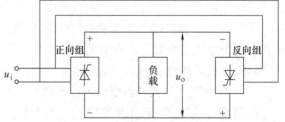

图 1-51 交—交变频器的基本结构

平均电压是方波，要得到正弦波输出，就在每一组整流器导通期间不断改变其触发延迟角。

对于三相负载，交—交变频器其他两相也各用一套反并联的可逆电路，输出平均电压相位依次相差 120°。

交—交变频器由其控制方式决定了它的最高输出频率只能达到电源频率的 1/3～1/2，不能高速运行，这是它的主要缺点。但由于没有中间环节，不需换相，这样不仅提高了变频效率，而且能实现四象限运行，因而多用于低速大功率系统中，如回转窑、轧钢机等。

　　（2）从变频电源的性质上看，可分为电压型变频器和电流型变频器。

　　对交—直—交变频器，电压型变频器与电流型变频器的主要区别在于中间直流环节采用什么样的滤波器。

　　电压型变频器的主电路典型形式如图 1-52 所示。在电路中中间直流环节采用大容量电容器滤波，直流电压波形比较平直，使施加于负载上的电压值基本上不受负载的影响，而基本保持恒定，类似于电压源，因而称之为电压型变频器。

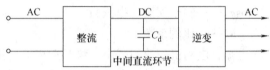

图 1-52　电压型变频器的主电路典型形式

　　电压型变频器逆变输出的交流电压为矩形波或阶梯波，而电流的波形经过电动机负载滤波后接近于正弦波，但有较大的谐波分量。

　　由于电压型变频器是作为电压源向交流电动机提供交流电功率的，所以主要优点是运行几乎不受负载的功率因数或换相的影响；缺点是当负载出现短路或在变频器运行状态下投入负载时，都易出现过电流，因此必须在极短的时间内施加保护措施。

　　电流型变频器与电压型变频器在主电路结构上基本相似，所不同的是，电流型变频器的中间直流环节采用大容易电感器滤波，如图 1-53 所示，直流电流波形比较平直，使施加于负载上的电流值稳定不变，基本不受负载的影响，其特性类似于电流源，所以称之为电流型变频器。

图 1-53　电流型变频器的主电路典型形式

　　电流型变频器逆变输出的交流电流为矩形波或阶梯波，当负载为异步电动机时，电压波形接近于正弦波。

　　电流型变频器的整流部分一般采用相控整流或直流斩波，通过改变直流电压来控制直流电流，进而构成可调的直流电源，达到控制输出的目的。

　　电流型变频器由于电流的可控性较好，可以限制因逆变装置换相失败或负载短路等引起的过电流，保护的可靠性较高，所以多用于要求频繁加减速或四象限运行的场合。

　　一般的交—交变频器虽然没有滤波电容器，但供电电源的低阻抗使它具有电压源的性质，也属于电压型变频器。也有的交—交变频器用电抗器将输出电流强制变成矩形波或阶梯波，具有电流源的性质，属于电流型变频器。

　　（3）交—直—交变频器根据 VVVF 调制技术不同，分为 PAM 和 PWM 两种。

　　PAM 是把 VV 和 VF 分开完成的，称为脉冲幅值调制（Pulse Amplitude Modulation）方式，简称 PAM 方式。

　　PAM 调制方式又有两种：一种是调压采用可控整流，即把交流电整流为直流电的同时进行相控整流调压，调频采用三相六拍逆变器，这种方式结构简单，控制方便，但由于输入环节采用晶闸管可控整流器，当电压调得较低时，电网端功率因数较低，而输出环节采用晶闸管组成的三相六拍逆变器，每周换相六次，输出的谐波较大。其基本结构如图 1-54a 所示；另一种是采用不控整流、斩波调压，即整流环节采用二极管不控整流，只整流不调压，再单独设置 PWM 斩波器，用脉宽调压，调频仍采用三相六拍逆变器，这种方式虽然多了一个环节，但调压时输入功率因数不变，克服了上面那种方式中输入功率因数低的缺点。而其输出逆变环节未变，仍有谐波较大的问题。其基本结构如图 1-54b 所示。

PWM 是将 VV 与 VF 集中于逆变器一起来完成的，称为脉冲宽度调制（Pulse Width Modulation）方式，简称 PWM 方式。

PWM 调制方式采用不控整流，则输入功率因数不变，用 PWM 逆变同时进行调压和调频，则输出谐波可以减少。其基本结构如图 1-54c 所示。

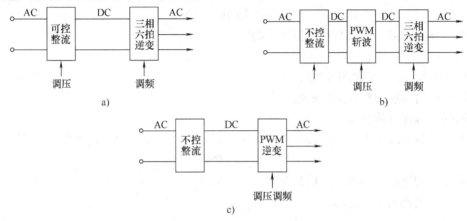

图 1-54　交—直—交变频器

a）可控整流调压　b）不控整流斩波调压　c）不控整流逆变调压调频

在 VVVF 调制技术发展的早期均采用 PAM 方式，这是由于当时的半导体器件是普通晶闸管等半控型器件，其开关频率不高，所以逆变器输出的交流电压波形只能是方波。而要使方波电压的有效值随输出频率的变化而改变，只能靠改变方波的幅值，即只能靠前面的环节改变中间直流电压的大小。随着全控型快速半导体开关器件 BJT、IGBT、GTO 等的发展，才逐渐发展为 PWM 方式。由于 PWM 方式具有输入功率因数高、输出谐波少的优点，因此在中小功率的变频器中，几乎全部采用 PWM 方式，但由于大功率、高电压的全控型开关器件的价格还较昂贵，所以为降低成本，在数百千瓦以上的大功率变频器中，有时仍需要使用以普通晶闸管为开关器件的 PAM 方式。

1.3.3.4　变压变频协调控制

前面讲过，在进行电动机调速时，为保持电动机的磁通恒定，需要对电动机的电压与频率进行协调控制。那么应该怎样对电动机的电压与频率进行协调与控制呢？

对此，需要考虑基频（额定频率）以下和基频以上两种情况。

基频，即基本频率 f_1，是变频器对电动机进行恒转矩控制和恒功率控制的分界线，应按电动机的额定电压（指额定输出电压，是变频器输出电压中的最大值，通常它总是和输入电压相等的）进行设定，即在大多数情况下，额定输出电压就是变频器输出频率等于基本频率时的输出电压值，所以，基本频率又等于额定频率 f_N（即与电动机额定输出电压对应的频率）。

异步电动机变压变频调速时，通常在基频以下采用恒转矩调速，基频以上采用恒功率调速。

1. **基频以下调速** 在一定调速范围内维持磁通恒定，在相同的转矩相位角的条件下，如果能够控制电动机的电流为恒定，即可控制电动机的转矩为恒定，称为恒转矩控制，即电动机在速度变化的动态过程中，具有输出恒定转矩的能力。

由于恒定 U_1/f_1 控制能在一定调速范围内近似维持磁通恒定，因此恒定 U_1/f_1 控制属于恒转矩控制。

严格地说，只有控制 E_g/f_1 恒定才能控制电动机的转矩为恒定。

（1）恒定气隙磁通 Φ_M 控制（恒定 E_g/f_1 控制）：根据异步电动机定子的感应电动势

$$E_g = 4.44 f_1 n_1 K_{n1} \Phi_M$$

式中　E_g——气隙磁通在每相定子绕组中的感应电动势；

　　　f_1——电源频率；

　　　n_1——每相定子绕组串联匝数；

　　　K_{n1}——与绕组结构有关的常数；

　　　Φ_M——每极气隙磁通。

可知，要保持 Φ_M 不变，当频率 f_1 变化时，必须同时改变电动势 E_g 的大小，使

$$E_g/f_1 = 常值$$

即采用恒定电动势与频率比的控制方式（恒定 E_g/f_1 控制）。

又由于，电动机定子电压

$$U_1 = E_g + (r_1 + jx_1)I_1$$

式中　U_1——定子电压；

　　　r_1——定子电阻；

　　　x_1——定子漏磁电抗；

　　　I_1——定子电流。

如果在电压、频率协调控制中，适当地提高电压 U_1，使它在克服定子阻抗压降以后，能维持 E_g/f_1 为恒值，则无论频率高低，每极磁通 Φ_M 均为常值，就可实现恒定 E_g/f_1 控制。

恒定 E_g/f_1 控制的稳态性能优于下面讲的恒定 U_1/f_1 控制，它正是恒定 U_1/f_1 控制中补偿定子压降所追求的目标。

（2）恒定压频比控制（恒定 U_1/f_1 控制）：根据上面的公式，在电动机正常运行时，由于电动机定子电阻 r_1 和定子漏磁电抗 x_1 的压降较小，可以忽略，则电动机定子电压 U_1 与定子感应电动 E_g 近似相等，即

$$U_1 \approx E_g$$

则有

$$U_1/f_1 = 常值$$

这就是恒压频比的控制方式（恒定 U_1/f_1 控制）。

由于电动机的感应电动势检测和控制比较困难，考虑到在电动机正常运转时其电压和电动势近似相等，因此可以通过控制 U_1/f_1 恒定，以保持气隙磁通基本恒定。

恒定 U_1/f_1 控制是异步电动机变频调速的最基本控制方式，它在控制电动机的电源频率变化的同时控制变频器的输出电压，并使两者之比 U_1/f_1 为恒定，从而使电动机的磁通基本保持恒定。

恒定 U_1/f_1 控制的出发点是电动机的稳态数学模型，它的控制效果只有在稳态时才符合要求。在过渡过程中，电动机所产生的转矩需要按照电动机的动态数学模型进行分析计算。因此恒定 U_1/f_1 控制的电动机系统难以满足动态性能的要求。在起动时，为了使系统能满足稳态运行的条件，频率的变化应尽可能缓慢，以避免电动机出现失速现象，即电动机转子的转速与旋转磁场的转速相差很大。当转差增大时，将造成电动机中流过很大的电流，电动机输出的转矩将减小。

恒定 U_1/f_1 控制最容易实现，它的变频机械特性基本上是平行下移，硬度也较好，能够满足一般的调速要求，突出优点是可以进行电动机的开环速度控制。

恒定 U_1/f_1 控制存在的主要问题是低速性能较差。这是由于低速时异步电动机定子电阻压降所占比重增大，已不能忽略，电动机的电压和电动势近似相等的条件已不满足，仍按 U_1/f_1 恒定控制已不能保持电动机磁通恒定，电动机磁通减小，电动机电磁转矩也会减小。因此，在低频运行的时候，要适当地加大 U_1/f_1 的值，以补偿定子压降。

若采用开环控制，则除了定子漏阻抗的影响外，变频器桥臂上下开关元器件的互锁时间也是影响电动机低速性能的重要原因。对于电压型变频器，考虑到电力半导体器件的导通和关断均需一定时间，为防止上下开关元器件在导通/关断切换时出现直通，造成短路而损坏，在控制导通时设置一段开关导通延迟时间。在开关导通延迟时间内，桥臂上下电力半导体器件均处于关断状态，因此又将开关导通延迟时间称为互锁时间。互锁时间的长短与电力半导体器件的种类有关。由于互锁时间的存在，变频器的输出电压将比控制电压低。在低频的时候，变频器的输出电压比较低，PWM 逆变脉冲的占空比比较小，这时互锁时间的影响就比较大，从而导致电动机的低速性能降低。互锁时间造成的压降还会引起转矩脉动，在一定条件下将会引起转速、电流的振荡，严重时变频器不能运行。

对磁通进行闭环控制是改善 U_1/f_1 恒定控制性能的十分有效的方法。采用磁通控制后，电动机的电流波形得到明显改善，气隙磁通更加接近圆形。

（3）恒定转子磁通 Φ_r 控制（恒定 E_r/f_1 控制）：如果把电压、频率协调控制中的电压 U_1 进一步再提高一些，把转子漏抗上的压降也抵消掉，便得到恒定 E_r/f_1 控制，其机械特性是一条直线。显然，恒定 E_r/f_1 控制的稳态性能最好，可以获得和直流电动机一样的线性机械特性。这正是高性能交流变频调速所要求的性能。

问题是，怎样控制变频器的电压和频率才能获得恒定 E_r/f_1 呢？按照电动势与磁通的关系

$$E_g = 4.44 f_1 n_1 K_{n1} \Phi_M$$

可以看出，当频率恒定时，电动势与磁通成正比。由于气隙磁通的感应电动势 E_g 对应于气隙磁通 Φ_M，那么，转子磁通的感应电动势 E_r 就应该对应于转子磁通 Φ_r，即

$$E_r = 4.44 f_1 n_1 K_{n1} \Phi_r$$

由此看见，只要能够按照转子磁通 Φ_r = 恒值进行控制，就可获得恒定 E_r/f_1 控制。这正是矢量控制系统所遵循的原则。

2. 基频以上调速　当电动机的电压随着频率的增加而升高时，若电动机的电压已达到额定电压，继续增加电压有可能破坏电动机的绝缘。为此，在电动机达到额定电压后，即使频率增加仍维持电动机电压不变。这样，电动机所能输出的功率由电动机的额定电压和额定电流的乘积所决定，不随频率的变化而变化。因此具有恒功率特性。

在基频以上调速时，频率可以从基频往上增加，但电压却不能超过额定电压，此时，电动机调速属于恒转矩调速。

电动机在恒转矩调速时，磁通与频率成反比地降低，相当于直流电动机弱磁升速的情况。

3. V/F 控制与 V/F 曲线

（1）V/F 控制：在恒定 U_1/f_1 控制中，频率 f_1 下降时，定子电阻压降在 U_1 中所占比例增大，造成气隙磁通 Φ_M 和转矩下降，采取适当提高 U_1/f_1 的方法，来抵偿定子电阻压降的增大，而保持 Φ_M = 恒值，最终使电动机的转矩得到补偿。这种方法称为转矩补偿，因为它是通过提高 U_1/f_1 而得到的，故又称为 V/F 控制或电压补偿。

（2）基本 V/F 曲线：U_1/f_1 = 恒值时的 V/F 曲线称为基本 V/F 曲线，如图 1-55 中的曲线 a，它表明了没有补偿时的电压 U_1 和频率 f_1 之间的关系。它是进行 V/F 控制时的基准线。

（3）全补偿 V/F 曲线：不论 f_1 为多大（在 $f_1 \leq f_N$ 的范围内），通过补偿，都能保持 Φ_M = 恒值，称为完全补偿 V/F 曲线，简称全补偿 V/F 曲线，如图 1-55 中的曲线 b。

全补偿 V/F 曲线与电动机的参数有关，而电动机的型号规格很多，因此，其全补偿 V/F 曲线各不相同，即使是同一型号、同一规格的电动机，由于应用场合的不同，其全补偿 V/F 曲线也各不相同。这是因为转矩补偿的实质是用提高电压的方法来补偿定子绕组的阻抗压降的。而定子绕组阻抗压降的大小是和定子电流 I_1 的大小有关的，定子电流的大小又与负载有关。因此，电动机的负载大小不同，所需的补偿电压（从而构成全补偿 V/F 曲线）也不一样。

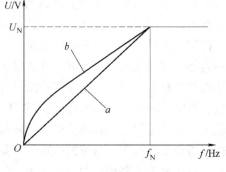

图 1-55　V/F 曲线

（4）过分补偿：有人认为，补偿小了可能会带不动负载，补偿大了没有任何问题，因而在设定 V/F 曲线时"宁小毋大"，或在设定 V/F 曲线时，只根据最重负载的要求来设定，则在轻载或空载时，就会出现过分补偿。

若过分补偿，则说明电压 U_1 提升得过多，这样就使电动势 E_g 在 U_1 中的比例相对减小，则定子电流 I_1 增加。但是由于电动机的负载与转速均未改变，故定子电流 I_1 增大，励磁电流 I_0 必增大，其结果是磁通 Φ_M 增加。磁通增加，将使铁心达到饱和，Φ_M 的波形将逐渐由正弦波变成平顶波，而励磁电流 I_0 则为尖顶波。实践证明：补偿越过分，铁心的饱和程度越深，I_0 的峰值也越高，甚至引起变频器因过电流而出现跳闸。

1.3.3.5　脉冲宽度调制（PWM）技术

PWM 技术是利用半导体开关器件的导通与关断把直流电压变为电压脉冲序列，并通过控制电压脉冲宽度或电压脉冲周期以达到改变电压的目的，或者通过控制电压脉冲宽度和电压脉冲序列的周期以达到变压和变频的目的。在变频调速中，前者主要应用于 PWM 斩波（DC—DC 变换），后者主要应用于 PWM 逆变（DC—AC 变换）。PWM 脉宽调制是利用相当于基波分量的信号波（调制波）对三角载波进行调制，以达到调节输出脉冲宽度的目的。相当于基波分量的信号波（调制波）并不一定指正弦波，在 PWM 优化模式控制中可以是预畸变的信号波，正弦波信号是一种最通常的调制信号，但决不是最优信号。

PWM 控制技术有许多种，并且还在不断发展中。但从控制思想上分，可把它们分成四类，即等脉宽 PWM 法、正弦波 PWM 法（SPWM）、磁链跟踪 PWM 法（SVPWM）和电流跟踪 PWM 法等。

1.4 电子技术实训

电子技术实训在电梯控制技能方面是基础课程技能实训项目。在正确使用常用的电梯测量工具的实践基础上，总的目的有 3 个：一是通过对二极管、晶闸管整流电子电路的反复训练，掌握整流电子电路的连接、测试和调整的方法，以及波形分析，达到能解决工作中实际问题的目的；二是通过对光电感应电路的使用做一些基本的了解；三是对集成电路、逻辑电子电路的使用加以学习、熟悉，为掌握新知识、新技能奠定基础。

实训1 二极管整流电路

一、实训目的

1）用万用表对元器件进行选择与检查，用万用表测量电压的平均值。

2）熟悉示波器的使用，以及波形的测量与绘制。

3）分析半波、桥式整流电路、π 型滤波电路的特性。

二、实训电路

二极管整流电路如图 1-56 所示。

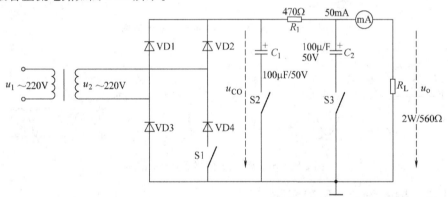

图 1-56 二极管整流电路

三、实训原理

变压器将 220V 交流电变为 12V 交流电，VD1 ~ VD4 组成桥式整流电路，C_1、R、C_2 组成 π 型滤波电路。当 S1、S2、S3 断开时，VD2、VD3 组成半波整流电路，波形如图 1-57 所示；S1 合 VD1 ~ VD4 组成桥式整流电路，波形如图 1-58 所示；S2 和 S3 闭合接通滤波电容组成 π 型滤波电路，将脉动直流电压变为平稳的直流电压，波形如图 1-59 所示。

四、实训步骤

1）用万用表对电阻、二极管、电容等进行选择及检查测量。

2）按图 1-56 接线，并通电测量电压。

3）用示波器测量、观察 S1、S2、S3 闭合与断开的波形并绘制波形，填入表 1-3 中。

4）分析半波、桥式整流电路、π 型滤波电路的特性。

5）绘制波形，注明电压峰值。

表 1-3

波形 电路状态	U_2	U_{co}	u_o
S1、S2、S3 全断	12V	$U_{co} = 0.45U_2$	
S1 合，S2、S3 断	12V	$U_{co} = 0.9U_2$	
S1、S2、S3 全合	12V	$U_{co} \approx 1.2 \sim 1.4U_2$	

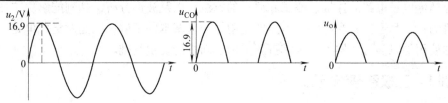

图 1-57　S1、S2、S3 全断时的波形

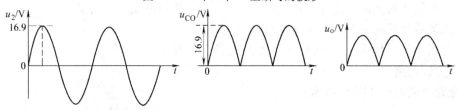

图 1-58　S1 闭合、S2 和 S3 断开时的波形

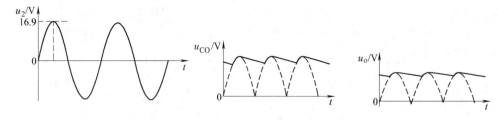

图 1-59　S1、S2、S3 全都闭合时的波形

实训 2　晶闸管全波整流电路

一、实训目的

1）掌握用万用表对元器件进行选择与检查，以及判断全桥、单结晶体管、晶闸管、电容器的好坏。

2）按图接线，并认真检查电路连接是否正确。

3）用示波器测量、观察波形并绘制波形。

4）分析桥式整流电路、并联稳压电路、单结晶体管脉冲电路及晶闸管的特性工作原理。

①　全桥（见图 1-60）的测量（以指针式万用表为例）：黑表笔接全桥的"－"极，红表笔分别测全桥的另三个极均应导通，若有一个极不通，则内部损坏一只二极管。此时应更换全桥。颠倒表笔，用红表笔接"－"极，黑表笔测另三个极，三个均应截止。

②　晶闸管（见图 1-61）的测量：首先测量晶闸管的任意两极，当导通时，黑表笔为

门极，红表笔为阴极，剩余的为阳极。然后黑表笔接阳极，红表笔接阴极，正常应不导通，黑表笔接在阳极的同时，用黑表笔点一下门极，晶闸管导通，此晶闸管性能良好（若晶闸管容量较大，表内的电源不能提供足够的维持电流，用此方法测量也将不导通）。

图 1-60　全桥　　　　　　　　　　　　　　　图 1-61　晶闸管

二、实训电路

晶闸管全波整流电路如图 1-62 所示。

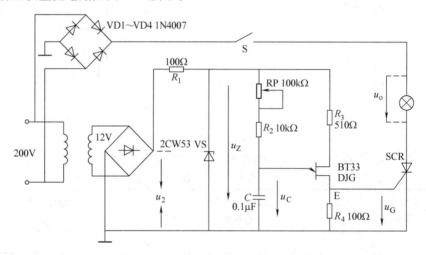

图 1-62　晶闸管全波整流电路

三、实训原理

图 1-62 所示电路为晶闸管调压电路。VD1～VD4 组成全波整流电路，向灯提供直流电压，晶闸管控制导通角，调节电压 u_o，改变灯亮度；交流～12V 电压经过整流变为脉动直流，R_1 和 VS 组成并联稳压电路，为单结晶体管脉冲电路提供（同步）电源，通过 RP 和 R_2 向 C 充电，C 两端电压上升，当单结晶体管发射极电压达到峰值时，单结晶体管导通，C 通过单结晶体管放电形成脉冲到晶闸管门极，晶闸管导通。调节 RP 改变充电的快慢，可改变晶闸管的导通角，调节灯泡的亮度。

四、实训步骤

1）检查元器件完好后，按图对照电路进行连接。

2）通电后用万用表测量电压，并将结果填入表 1-4 中。

3）用示波器测量 S 闭合与断开时的波形并绘制下来，如图 1-63 所示。

4）分析半波、桥式整流电路、π 型滤波电路的特性。

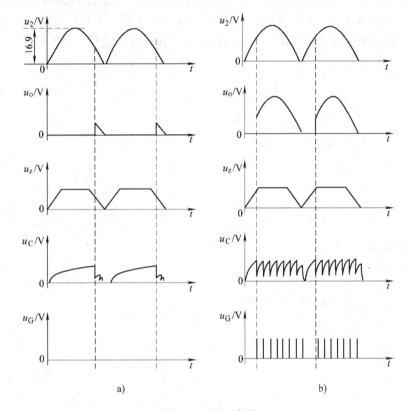

图 1-63　电压波形

a）导通角最小　b）导通角最大

表 1-4　测量数据

测量波形 项目	触发延迟角（最大） （灯最暗）	触发延迟角（最小） （灯最亮）
u_2		
u_o		
u_z		
u_C		
u_G		

实训 3　光电感应电路

一、实训目的

通过对实训电路的原理分析、安装、调试，达到对由发光二极管、光电管等组成的光电感应电路的认识与调试。

二、实训电路

光电感应电路如图 1-64 所示。

三、实训原理

此电路由发光二极管 LED、光电管 VT2、晶体管 VT1 及其他元器件组成。当 LED 的光没有进入光电管，光电管不导通，流过 R_2 的电流基本进入晶体管 VT1 的基极，VT1 导通，继电器 K 吸合，灯亮；当 LED 的光进入光电管，光电管导通，流过 R_2 的电流基本进入光电管，晶体管截止，继电器不吸合，灯不亮（发光二极管的发光部位与光电管的受光部位要对准）。

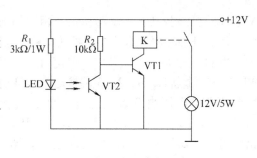

图 1-64　光电感应电路

四、实训步骤

1）用万用表检查和判断元器件，并判断出正极与负极。

2）对光电管进行检查、测量，有光、无光的导通状态，判断其性能。

3）通电调试，分析电路的工作原理、现象。

五、故障排查

电路接好后，通电时灯泡应不亮，用遮光片（纸片）遮挡在发光管与光电管之间，继电器吸合，灯泡亮。若灯泡不亮，先检查发光管的发光部位与光电管的受光部位是否对准，以及发光二极管是否接反，以及继电器、灯泡是否接牢等，如图 1-65 所示。

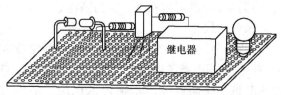

图 1-65　接好后的电路

实训 4　振荡器电路

一、实训目的

1）了解集成电路的结构及特性，了解振荡电路的工作原理。

2）通过接线和通电测量，学会用示波器测量电路的输出波形，调节电位器，观察波形的宽度、形状变化是否正常。

二、实训电路

振荡器电路和所需 5G555 型时基集成电路如图 1-66 和图 1-67 所示。

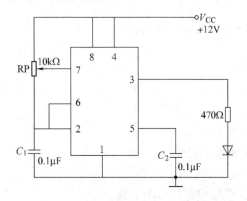

图 1-66　振荡器电路（一）

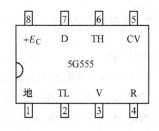

图 1-67　5G555 型时基集成电路

三、实训原理

电路的组成如图 1-68 所示。其中点画线框内是 555 集成电路的内部连接情况，内部由

A1、A2 比较器，RS 触发器和三个相同的电阻组成，加上外加元器件组成多谐振荡电路。

电路通电后，A1 "＋" 端电压为 $2V_{CC}/3$，A2 "－" 端为 $V_{CC}/3$，2、6 端接电容，通电后电容器两端的电压由 0 逐渐上升，小于 $V_{CC}/3$ 时，2、6 端电压均小于 A1、A2 的参考电压，A2 输出低电位，S_D 为 0；A1 输出高电位，R_D 为 1，根据 RS 触发器的状态，Q 为高电位，$\overline{Q}$ 为低电位。u_o 输出高位电压。

当电容充电电压为（$1/3 \sim 2/3$）V_{CC} 时，2 端电压大于 A2 的参考电压，A2 输出高电位，S_D 为 1；根据 RS 触发器的状态，Q 为高电位，$\overline{Q}$ 低电位，保持原状态。

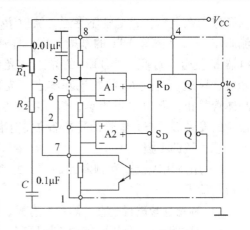

图 1-68　振荡器电路（二）

当电容充电电压大于 $2V_{CC}/3$ 时，6 端电压大于 A1 的参考电压 $2V_{CC}/3$，A1 输出低电位，R_D 为 0；2 端的参考电压大于 $V_{CC}/3$，A2 输出高电位，S_D 为 1；根据 RS 触发器的状态，Q 为低电位，$\overline{Q}$ 高电位，u_o 输出低电压，晶体管导通，使电容通过 R_2 放电。当电容电压小于 $V_{CC}/3$ 时，A2 输出低电位，S_D 为 0；根据 RS 触发器的状态，Q 转换为高电位，$\overline{Q}$ 低电位。电路如此循环，形成振荡状态。调整电位器 R_1，改变充放电的速度，可改变振荡电压的周期频率。波形如图 1-69 所示。

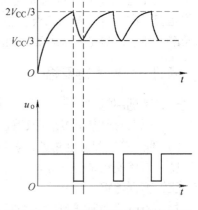

图 1-69　电容器及振荡电路输出波形

四、实训步骤

1）测量元器件，并判断质量好坏。

2）熟悉电路板接线孔的连接方式，并确认 555 集成电路接线端。

3）通电调试，分析电路的工作原理和现象。

五、故障排查

若试验不正常，应检查电路连接是否牢固，以及有无接触不良点。

实训 5　移位寄存器

一、实训目的

1）了解 TC4013 型集成电路的结构、特性。

2）通过接线，了解 D 型触发器的工作原理。

3）分析电路的连接方式、注意事项、工作原理和主要现象。

二、实训电路

移位寄存器电路如图 1-70 所示，其中 TC4013 型集成电路如图 1-71 所示。

三、实训原理

此电路是由 4 个 D 型触发器组成的移位寄存器，移位为右移。由 D 型触发器的特性方程 $Q^{n+1} = D$ 可知，若 T 接在 D_0，则 $Q_0 = D_0$。当时钟脉冲（CP）到来时，D_0 数码通过触发

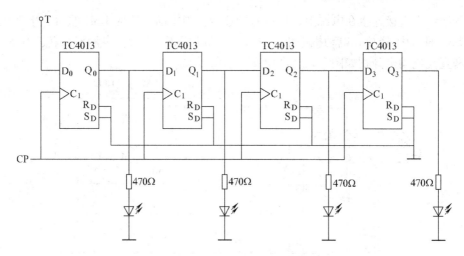

图 1-70　移位寄存器电路

器确定了 Q_0；Q_0 将数码送到 D_1，通过触发器确定了 Q_1（$Q_1 = D_1$）并移到 D_2，Q_2 的数码移到 D_3，Q_2 的数码移到 Q_3，在下一个时钟脉冲到来时，按上述方式又一次移动，每一个时钟到来后移动一次。Q_0、Q_1、Q_2、Q_3 哪一个处于高电平时，所连接的发光二极管将发出亮光。

四、实训步骤

1）检查元器件；认准电路板接线孔的连接方式，并确认 TC4013 型集成电路接线端。

2）正确接线。电路中使用 4 个 D 型触发器。一块 TC4013 型集成电路中有两个 D 型触发器。使用发光二极管时，注意正、负极。

3）通电调试，分析电路的工作原理和现象。

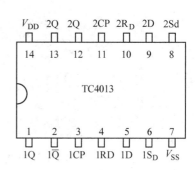

图 1-71　TC4013 型集成电路

1.5　电力拖动实训

电力拖动实训在电梯控制技能方面，是重要的技能实训项目，电梯的门机运行主要是对直流电动机的拖动控制，要求如下：

1）能正确安装、调试直流电动机的正反转控制电路。

2）能正确安装、调试直流电动机的调速控制电路。

3）能正确安装、调试直流电动机的能耗制动控制电路。

实训 1　并励直流电动机正反转控制电路的安装

一、实训目的

1）了解直流电动机的接线方式及并励直流电动机正反转的控制方式。

2）用万用表测量直流电动机的电枢、励磁绕组，并判定整流桥的极性。

二、实训电路和实训原理

如图 1-72 所示，主电路用变压器二次电压为 ~127V，经整流桥（见图 1-73）变为 110V

直流。励磁绕组直接连接在电源上，形成并励连接。当按动 SB2 时 KM1 吸合，电动机正转；当按动 SB1 时 KM1 释放，电动机停止。当按动 SB3 时 KM2 吸合，电动机反转。其中，电源变压器和直流电动机分别如图 1-74 和图 1-75 所示。

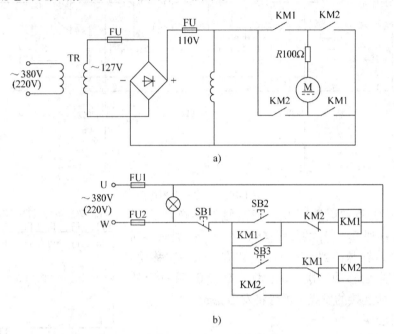

图 1-72　并励直流电动机正反转控制电路

a）主电路　b）控制电路

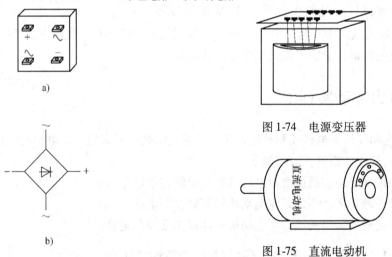

图 1-74　电源变压器

图 1-73　整流桥

a）外形　b）符号

图 1-75　直流电动机

注：电枢和励磁绕组的电阻分别为 12Ω 和 527Ω。

三、实训步骤

1）用万用表对直流电动机进行测量，并判断励磁绕组（527Ω）、电枢绕组（12Ω）的阻值。

2）用万用表对整流桥及变压器进行测量和检查。

3）按主电路、控制电路进行接线。

4）对照电路，对连接的电路进行认真的检查。

5）用转速表测量电动机的转速，并用万用表测量电动机的电压。

四、故障排查

通电时若电动机不旋转，应从电源查起，由电源及熔断器、变压器绕组的电阻、整流桥、接触器触头到电动机的接线端，主电路、控制电路的接线是否正确、可靠。

实训 2 并励直流电动机调速控制电路的安装

一、实训目的

1）了解直流电动机的接线方式及并励直流电动机正反转的控制方式。

2）用万用表测量直流电动机的电枢、励磁绕组，并判定整流桥的极性。

3）熟悉直流电动机的电枢串电阻减速、强磁减速、弱磁增速等方法。

二、实训电路

并励直流电动机调速控制电路如图 1-76 所示。

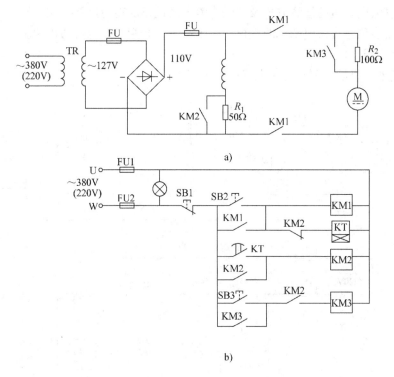

图 1-76 并励直流电动机调速控制电路

a）主电路 b）控制电路

三、实训原理

主电路由变压器变压输出 ~127V 交流电经整流变为 110V 直流电，电动机并励连接，当按动 SB2 时 KM1 吸合，电动机转动；KT 经 2s 后动作，KM2 吸合，励磁电流增强，电动机转速下降；当按动 SB3 时 KM3 吸合，电枢电压上升，电动机转速上升。

四、实训步骤

1）用万用表对直流电动机进行测量，并判断励磁绕组（527Ω）、电枢绕组（12Ω）的阻值。

2）用万用表对整流桥及变压器进行测量和检查。

3）按主电路、控制电路进行接线（注意 KT 的接线方法）。

4）对照电路，对连接的电路进行认真的检查。

5）用万用表测量电动机在 KM3 吸合、断开时的电压。

五、故障排查

通电时若电动机不转动，应从电源查起，由电源及熔断器、变压器绕组的电阻、整流桥、接触器触头到电动机的接线端，主电路、控制电路的接线是否正确、可靠。

若 KM2、KM3 吸合时转速不变化，应检查 KM2、KM3 和电阻的接线是否牢固，并测量电阻是否与使用值、标称值相同或区别不大。

实训 3 并励直流电动机能耗制动控制电路的安装

一、实训目的

1）了解直流电动机的接线方式及并励直流电动机正反转的控制方式。

2）用万用表测量直流电动机的电枢、励磁绕组，并判定整流桥的极性。

二、实训电路

并励直流电动机能耗制动控制电路如图 1-77 所示。

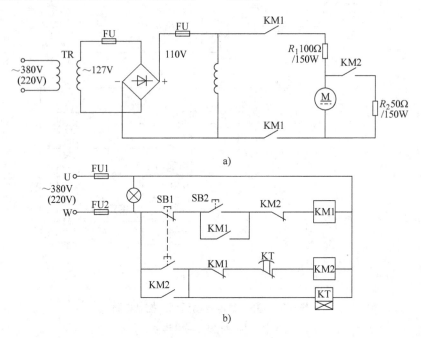

图 1-77 并励直流电动机能耗制动控制电路

a）主电路 b）控制电路

三、实训原理

主电路用交流 ~127V 经整流变为 110V 直流，并励连接。

当按动 SB2 时 KM1 吸合，电动机转动；当按动 SB1 时 KM1 释放电动机停电，KM2 吸合，电阻 R_2 与电动机并连，由于电动机转子的转动惯性，电动机将发电，并消耗在电阻 R_2 上，使转子立即制动。

四、实训步骤

1）用万用表对直流电动机、整流桥及其他元器件进行选择及检查。

2）按主电路、控制电路进行接线。

3）按主电路、控制电路进行认真的检查。

4）用万用表测量电动机电枢的电压，用转速表测量电动机的转速。

五、故障排查

通电时若电动机不转，应从电源查起，由电源及熔断器、变压器绕组的电阻、整流桥、接触器触头到电动机的接线端，主电路、控制电路的接线是否正确、可靠。若电动机转动正常，停止时不能立即停止，是制动电路的故障，应对 KM2 的控制电路，主电路中 KM2 的触头和电阻 R_2 进行检查。

模块 2　可编程序控制技术

2.1　可编程序控制技术基础

2.1.1　PLC 的定义

PLC 是 Programmable Logic Controller 的英文缩写，其意为可编程序逻辑控制器。

1969 年，美国数字设备公司（DEC）研制出世界上第一台 PLC。

国际电工委员会（IEC），在 1987 年 2 月份通过了对 PLC 的定义：可编程序控制器是一种数字运算操作的电子系统，专为在工业环境应用而设计的。它采用一类可编程序的存储器，用于其内部存储程序，执行逻辑运算、顺序控制、定时、计数与算术操作等面向用户的指令，并通过数字或模拟式输入/输出控制各种类型的机械或生产过程。可编程序控制器及其有关外部设备，都按易于与工业控制系统联成一个整体、易于扩充其功能的原则设计。

由 PLC 的定义可以看出，可编程序控制器（PLC）实际上就是一种新型的工业控制计算机。

2.1.2　PLC 的特点

PLC 是综合继电器和接触器控制的优点及计算机灵活、方便的优点而设计制造和发展的，这就使 PLC 具有其他控制器所无法相比的特点。

（1）可靠性高，抗干扰能力强。

1）硬件措施：采用屏蔽、滤波、隔离及模块式结构等措施提高了系统的可靠性。

2）软件措施：通过故障检测外界环境、信息保护和恢复，设置了警戒时钟及对程序进行检查和检验等方法，一旦程序有错，立即报警，并停止执行。

由于采取了以上抗干扰的措施，一般 PLC 的平均无故障时间可达几万甚至几十万小时以上。

（2）通用性强，使用方便。PLC 产品已系列化和模块化，PLC 的开发制造商为用户提供了品种齐全的 I/O 模块和配套部件。

（3）采用模块化结构，使系统组合灵活方便。

（4）编程语言简单易学，便于掌握。

（5）系统设计周期短。

（6）对生产工艺改造适应性强。

（7）安装简单、调试方便、维修工作量小。

2.1.3　FX2N 系列 PLC 的主要性能指标

FX2N 系列 PLC 是 FX 系列中功能最强、速度最快的微型 PLC。

1. 硬件指标　硬件指标主要包括环境温度、环境湿度、抗振动、抗冲击、抗噪声干扰、耐压、接地要求和使用环境等。由于 PLC 是专门为适应恶劣的工业环境而设计开发出来的，因此 PLC 一般都能满足以上硬件指标的要求。

2. 软件指标　PLC 的软件指标通常用以下几项来描述：

（1）编程语言：不同机型的 PLC，具有不同的编程语言。常用的编程语言有梯形图、指令表、状态转移图（SFC）三种。

（2）用户存储器容量：其存储容量通常以字或步为单位计算，比如，FX2N 系列内置 8000 步 RAM 存储器，安装存储器盒后，最大可以扩展到 16000 步。

（3）I/O 总数：有 6 种基本单元（16/32/48/64/80/128），最大可以扩展输入输出 256 点。

（4）指令数：一般指令数越多，其功能越强。基本指令 20 条，步进指令 2 条，应用指令 128 种 298 条。

（5）软元件的种类和点数：辅助继电器 M（3072 点）、定时器 T（256 点）、计数器 C（235 点）、数据寄存器 D（8000 点）等。

（6）扫描速度：PLC 的扫描速度越快，其输出对输入的响应越快，以"μs/指令"表示。其中，基本指令为 0.08μs/指令，应用指令为 1.52 至数百 μs/指令。

2.2　PLC 的基本组成及工作原理

2.2.1　PLC 的基本组成

可编程序控制器是以中央处理器为核心的结构，其功能的实现不仅基于硬件的作用，更要靠软件的支持。PLC 的硬件结构框图如图 2-1 所示。

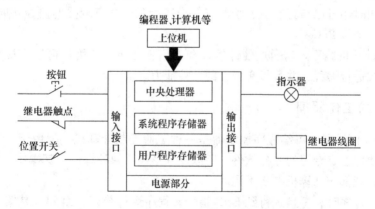

图 2-1　PLC 的硬件结构框图

1. 中央处理器（CPU）　PLC 中所采用的 CPU 随机型不同而不同，通常有三种：通用微处理器（如 8086、80286 等）、单片机、位片式微处理器。小型 PLC 中，常用 8 位、16 位通用微处理器作 CPU。对于中型 PLC，大多采用 16 位、32 位微处理器或单片机；在大型 PLC 中，大多采用高速位片式微处理器。

CPU 是 PLC 的控制中枢，PLC 在 CPU 的控制下有条不紊地协调工作，从而实现对现场的各个设备进行控制。

CPU 的具体作用如下：

（1）接收、存储用户程序。

（2）以扫描方式接收来自输入单元的数据和状态信息，并存入相应的数据存储区。

（3）执行监控程序和用户程序。

（4）响应外部设备（如编程器、打印机）的请求。

2. 存储器　可编程序控制器配有两种存储器，即系统程序存储器和用户程序存储器。系统程序存储器用来存储不需要用户干预的系统程序。用户程序存储器用来存储编制的应用程序和工作数据状态。

常用的用户程序存储器有随机存取存储器（RAM）、可擦除可编程只读存储器（EPROM）和电可擦除可编程只读存储器（EEPROM）三种。

3. 输入/输出接口　PLC 的控制对象是工业生产过程，实际生产过程中的信号电平是多种多样的，外部执行机构所需的电平也是各不相同，而可编程序控制器的 CPU 所处理的信号只能是标准电平，这就需要有相应的 I/O 模块作为 CPU 与工业现场的桥梁，进行信号电平的转换。同时，这些模块采取了光电隔离、滤波等抗干扰措施，提高了 PLC 的可靠性。

4. 电源　在小型可编程序控制器内部都包括一个稳压电源，它用于对 CPU 板、I/O 板等内部器件供电。有些机型，如 FX2N，还向外提供 DC 24V 稳压电源，用于对外部传感器供电。在构成控制系统时，这将给用户很大的方便。

5. 编程器　编程器是 PLC 的重要外部设备，从结构上可分为以下三种类型。

（1）手持式编程器。其优点是携带方便，价格便宜，多用于微型、小型 PLC。其缺点是只能联机编程，对 PLC 的控制能力小。

（2）图形编程器。图形编程器带有较宽的显示屏，可以用来显示编程的情况，还可以显示 I/O、各继电器的工作状况、信号状态和出错信息等。工作方式既可是联机编程又可以是脱机编程。同时还可以与打印机、绘图仪等设备相联，并有较强的监控功能，但价格高，通常被用于大、中型 PLC。

（3）通用计算机编程。它通过硬件接口和专用软件包，使用户可以直接在计算机上以联机或脱机方式进行编程，并且具有较强的监控能力。

2.2.2　PLC 的工作原理

1. PLC 的工作过程　可编程序控制器是一种工业控制计算机，但由于在硬件上有一些接口器件，在软件上有专用的监控软件，所以其外形又不像计算机。其操作使用方法、编程语言甚至工作原理都与计算机有所不同。

计算机运行程序时，一旦执行到 END 指令，程序运行结束。而 PLC 从第一条用户指令开始，在无中断或跳转的情况下，顺序执行，直到 END 指令结束。然后再从头开始执行，并周而复始地重复，直到停机或从运行（RUN）切换到停止（STOP）工作状态。我们把PLC 这种执行程序的方式称为扫描工作方式。下面我们具体介绍 PLC 的扫描工作过程。

PLC 扫描工作方式主要分为三个阶段：输入采样、程序执行和输出刷新三个阶段，如图2-2 所示。

（1）输入采样。在输入采样阶段，PLC 首先扫描输入端子，把所有输入端的通/断（ON/OFF）状态一次读入到输入映像寄存器中。PLC 在运行程序时，所需的输入信号不是现时取输入端子上的信息，而是取输入映像寄存器中的信息。在本工作周期内这个采样结果

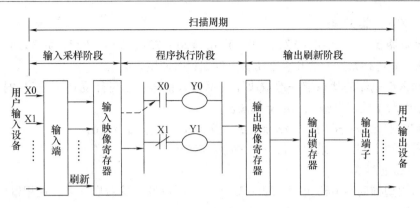

图 2-2　PLC 的扫描工作过程

的内容不会改变，只有到下一个扫描周期输入采样阶段才被刷新。同样道理，若输入的脉冲信号过窄，该信号不会被 PLC 接收，如图 2-3 所示。

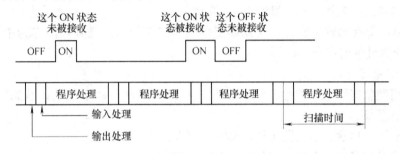

图 2-3　输入的窄脉冲不能得到响应

（2）程序执行。在程序执行阶段，PLC 逐条执行程序，再将程序执行的结果写入用于寄存执行结果的输出映像寄存器中保存。但这个结果在全部程序未被执行完毕之前不会送到输出端子上。

（3）输出刷新。当所有的用户程序执行完后，即执行到 END 指令，PLC 将输出映像寄存器中的内容送到输出锁存器中进行输出，驱动用户设备。

PLC 工作过程除了包括上述三个主要阶段外，还要完成内部处理、通信处理等工作。在内部处理阶段，PLC 检查 CPU 模块内部的硬件是否正常，将监控定时器复位，以及完成一些别的内部工作。在通信服务阶段，PLC 与其他带微处理器的智能装置实现通信。

2. 输入/输出的滞后现象　从微观上来看，由于 PLC 特定的扫描工作方式，程序在执行过程中所用的输入信号是本周期内采样阶段的输入信号。若在程序执行过程中，输入信号发生变化，其输出不能立即作出反映，只能等到下一个扫描周期开始时采样该变化了的输入信号。另外，程序执行过程中产生的输出不是立即去驱动负载，而是将处理的结果存放在输出映像寄存器中，等程序全部执行结束，才能将输出映像寄存器的内容通过锁存器输出到端子上。因此，PLC 最显著的不足之处是输入/输出响应滞后现象。

2.3　FX2N—64MR 型 PLC 的内部软元件

1. 输入继电器 X 和输出继电器 Y　输入继电器 X 包括：X0 ~ X7，X10 ~ X17，X20 ~

X27，X30～X37，共 32 点。

输出继电器 Y 包括：Y0～Y7，Y10～Y17，Y20～Y27，Y30～Y37，共 32 点。

（1）X、Y 还有无数个常开、常闭触点供编程时使用。

（2）输入继电器的状态唯一地取决于外部输入信号，不可能受用户程序的控制，因此在梯形图中绝对不能出现输入继电器线圈。

（3）它们的元件号采用八进制数表示，其他元件号采用十进制数。

（4）若资源不够，可采用主机＋扩展的方式来使用。

2. 辅助继电器 M

（1）通用型辅助继电器包括：M0～M499。关闭电源后重新启动后，通用继电器不能保持断电前的状态。

（2）掉电保持型辅助继电器包括：M500～M3071。PLC 断电后再运行时，能保持断电前的工作状态。

（3）特殊辅助继电器包括：M8000～M8255。

辅助继电器都有无数个常开、常闭触点供编程时使用，但是其只能作为中间继电器使用，而不能作为外部输出负载使用。

3. 状态继电器 S

（1）通用型状态继电器包括：S0～S499，其中 S0～S9 可用于"初始状态"，S10～S19 可用于"返回原点"。

（2）掉电保持型状态继电器包括：S500～S899。

（3）供信号报警用状态继电器包括：S900～S999。

4. 定时器 T

（1）普通定时器

1）T0～T199：时钟脉冲为 100ms 的定时器，即当设定值 K＝1 时，延时 100ms。设定范围为 0.1～3276.7s。

2）T200～T245：时钟脉冲为 10ms 的定时器，即当设定值 K＝1 时，延时 10ms。设定范围为 0.01～327.67s。

（2）积算定时器

1）T246～T249：时钟脉冲为 1ms 的积算定时器。设定范围为 0.001～32.767s。

2）T250～T255：时钟脉冲为 100ms 的积算定时器。设定范围为 0.1～3267.7s。

如图 2-4 所示，当定时器的驱动输入 X001 接通时，T250 的当前值计数器开始累积 100ms 的时钟脉冲的个数，当该值与设定值 K456 相等时，定时器的输出触点 T250 接通。当输入 X001 断开或系统停电时，当前值可保持，输入 X001 再接通或复电时，计数过程将在原有值的基础上继续进行。当累积时间为 456×0.1s＝45.6s 时，输出触点动作。当输入 X002 接通时，计数器复位，输出触点也复位。

5. 计数器 C

（1）16bit 增计数器。其中，C0～C99 为通用型，C100～C199 为掉电保持型。设定值范围为 1～32767。

（2）32bit 增/减计数器。其中，C200～C219 为通用型，C220～C234 为掉电保持型。设定值范围为 -2147483648～+2147483647。

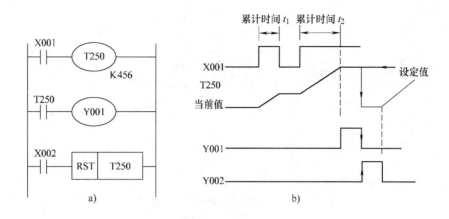

图 2-4　积算定时器的工作过程

增/减计数器的计数方向（加计数或减计数）由特殊辅助继电器 M8200 ~ M8234 设定。即 M8△△△接通时作减计数，当 M8△△△断开时作加计数。

（3）高速计数器：C235 ~ C255。

6. 数据寄存器 D、变址寄存器 V、Z

略。

2. 4　PLC 的基本指令系统

2.4.1　基本指令的使用

1. 触点取用与线圈输出指令 LD、LDI、OUT　LD、LDI、OUT 指令助记符与功能见表 2-1。

表 2-1　指令助记符与功能

符号、名称	功　能	可用元件	程　序　步
LD 取	常开触点逻辑运算开始	X，Y，M，S，T，C	1
LDI 取反	常闭触点逻辑运算开始	X，Y，M，S，T，C	1
OUT 输出	线圈驱动	Y，M，S，T，C	Y，M：　　1 S，特 M：　2 T：　　　　3 C：　　3 ~ 5

指令说明：

- LD、LDI 指令用于将触点接到母线上。另外，它们与后面将要讲到的 ANB 指令进行组合，也可在分支起点处使用。

- OUT 指令是对输出继电器、辅助继电器、状态继电器、定时器、计数器的线圈驱动指令，对输入继电器不能使用。

- OUT 指令可作多次并联使用（在图 2-5 中，在 OUT M100 之后，接 OUT T0）。

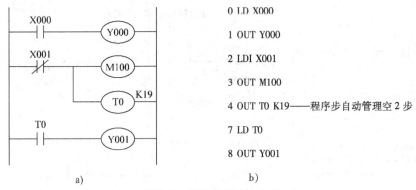

图 2-5 梯形图和语句表（一）

a) 梯形图 b) 语句表

- 对于定时器的计时线圈或计数器的计数线圈，使用 OUT 指令以后，必须设定常数 K。

2. 单个触点串联指令 AND、ANI AND、ANI 指令助记符与功能见表 2-2。

表 2-2 指令助记符与功能

符号、名称	功　能	可用软元件	程　序　步
AND 与	常开触点串联连接	X，Y，M，S，T，C	1
ANI 与非	常闭触点串联连接	X，Y，M，S，T，C	1

指令说明：

- 用 AND、ANI 指令可进行 1 个触点的串联连接。串联触点的数量不受限制，该指令可多次使用。

- OUT 指令后，通过触点对其他线圈使用 OUT 指令，称之为纵接输出。如图 2-6 所示的 OUT M101 与 OUT Y004。这种纵接输出方式，如果顺序不发生错误，可多次重复。

- 串联触点数和纵接输出次数不受限制，但使用图形编程设备和打印机则有限制。

- 建议尽量做到 1 行不超过 10 个触点和 1 个线圈，总共不要超过 24 行。

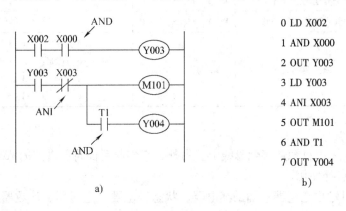

图 2-6 梯形图和语句表（二）

a) 梯形图 b) 语句表

如图 2-6 所示，紧接着 OUT M101 以后通过触点 T1 可以驱动 OUT Y004，但如是驱动顺序相反时（见图 2-7），则必须使用后面将要讲到的 MPS 和 MPP 命令。

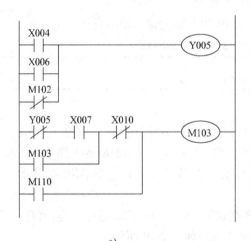

图 2-7　驱动顺序取反时的梯形图

3. 单个触点并联指令 OR、ORI　OR、ORI 指令助记符与功能见表 2-3。

指令说明：

●　OR、ORI 用作 1 个触点的并联连接指令，如图 2-8 所示。串联连接 2 个以上触点时，并将这种串联电路块与其他电路并联连接时，应采用后面将要讲到的 ORB 指令。

●　OR、ORI 是从该指令的步开始，与前面的 LD、LDI 指令步进行并联连接。并联连接的次数不受限制（见图 2-8），但是用图形编程设备和打印机时受到一定限制（24 行以下）。

表 2-3　指令助记符与功能

指令助记符、名称	功　能	可用软元件	程　序　步
OR 或	常开触点并联连接	X，Y，M，S，T，C	1
ORI 或非	常闭触点并联连接	X，Y，M，S，T，C	1

```
0 LD X004

1 OR X006

2 ORI M102

3 OUT Y005

4 LDI Y005

5 AND X007

6 OR M103

7 ANI X010

8 OR M110

9 OUT M103
```

a)　　　　　　　　　　　　　　　　　　b)

图 2-8　梯形图和语句表（三）

a）梯形图　b）语句表

4. 串联电路块的并联指令 ORB　ORB 指令助记符与功能见表 2-4。

表 2-4　指令助记符与功能

指令助记符、名称	功　能	程　序　步
ORB 电路块或	串联电路块的并联连接	1

指令说明：

●　两个以上的触点串联连接的电路称为串联电路块。将串联电路并联连接时，分支开始用 LD、LDI 指令，分支结束用 ORB 指令。

●　ORB 指令与后面将要讲的 ANB 等指令一样，是不带软元件地址号的独立指令。

●　有多个并联电路时，若对每个电路块使用 ORB 指令，则并联电路没有限制，如图 2-

9b 所示。

• ORB 指令也可以成批地使用，但是由于 LD、LDI 指令的重复使用次数限制在 8 次以下，请务必注意，如图 2-9c 所示。

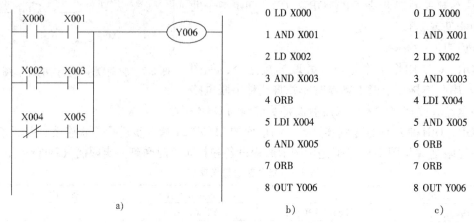

0 LD X000	0 LD X000	
1 AND X001	1 AND X001	
2 LD X002	2 LD X002	
3 AND X003	3 AND X003	
4 ORB	4 LDI X004	
5 LDI X004	5 AND X005	
6 AND X005	6 ORB	
7 ORB	7 ORB	
8 OUT Y006	8 OUT Y006	

a)   b)   c)

图 2-9　梯形图和语句表（四）

a）梯形图　b）正确语句表　c）不佳语句表

5. 并联电路块的串联指令 ANB　ANB 指令助记符与功能见表 2-5。

表 2-5　指令助记符与功能

指令助记符、名称	功　能	程　序　步
ANB　电路块与	并联电路块的串联连接	1

指令说明：

• 当分支电路（并联电路块）与前面的电路串联连接时，应使用 ANB 指令，分支的起点用 LD、LDI 指令，并联电路块结束后用 ANB 指令，与前面的电路串联连接。

• 若多个并联电路块按顺序和前面的电路串联连接时，则 ANB 指令的使用次数没有限制。

• 也可成批地使用 ANB 指令，但在这种场合，与 ORB 指令一样，LD、LDI 指令的使用次数是有限制的（8 次以下），请务必注意，如图 2-10 所示。

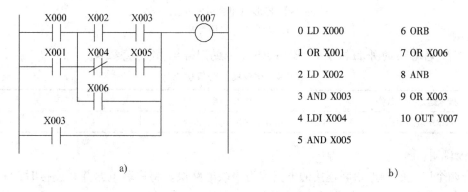

0 LD X000	6 ORB
1 OR X001	7 OR X006
2 LD X002	8 ANB
3 AND X003	9 OR X003
4 LDI X004	10 OUT Y007
5 AND X005	

a)   b)

图 2-10　梯形图和语句表（五）

a）梯形图　b）语句表

6. 多重输出电路指令 MPS、MRD、MPP　MPS、MRD、MPP 指令助记符与功能见表

2-6。

表 2-6　指令助记符与功能

指令助记符、名称	功　　能	程　序　步
MPS 进栈	进栈	1
MRD 读栈	读栈	1
MPP 出栈	出栈	1

指令说明：

● 在可编程序控制器中有 11 个存储器（见图 2-11），用来存储运算的中间结果，称为栈存储器。使用一次 MPS 指令就将此时刻的运算结果送入栈存储器的第 1 段，再使用 MPS 指令，又将此时刻的运算结果送入栈存储器的第 1 段，而将原先存入第一段的数据移到第二段。依次类推。

● 使用 MPP 指令，将最上段的数据读出，同时该数据从栈存储器中消失，下面的各段数据顺序向上移动。即所谓后进先出的原则。

● MRD 是读出最上段所存储的最新数据的专用指令，栈存储器内的数据不发生移动。

● 这些指令都是不带软元件地址的独立指令。

图 2-11　存储器

编程举例：

例 2-1　一段栈梯形图和语句表，如图 2-12 所示。

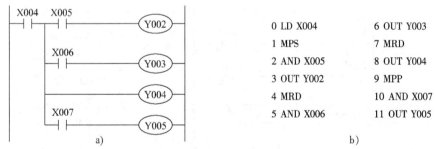

0 LD X004	6 OUT Y003
1 MPS	7 MRD
2 AND X005	8 OUT Y004
3 OUT Y002	9 MPP
4 MRD	10 AND X007
5 AND X006	11 OUT Y005

a)　　　　　　　　　　　　　　　b)

图 2-12　梯形图和语句表（六）
a）梯形图　b）语句表

例 2-2　二段栈梯形图和语句表，如图 2-13 所示。

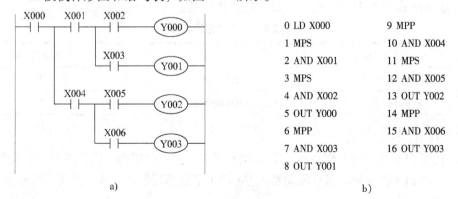

0 LD X000	9 MPP
1 MPS	10 AND X004
2 AND X001	11 MPS
3 MPS	12 AND X005
4 AND X002	13 OUT Y002
5 OUT Y000	14 MPP
6 MPP	15 AND X006
7 AND X003	16 OUT Y003
8 OUT Y001	

a)　　　　　　　　　　　　　　　b)

图 2-13　梯形图和语句表（七）
a）梯形图　b）语句表

7. 主控及主控复位指令 MC、MCR　MC、MCR 指令助记符与功能见表2-7。

表2-7　指令助记符与功能

指令助记符、名称	功　能	程　序　步
MC 主控指令	公共串联触点的连接	3
MCR 主控复位	公共串联触点的清除	2

指令说明：

● 如图 2-14 所示，输入 X000 为接通时，直接执行从 MC 到 MCR 的指令。输入 X000 为断开时，保持当前状态有：积算定时器、计数器、用置位/复位指令驱动的软元件；变成 OFF 的软元件有：非积算定时器和用 OUT 指令驱动的软元件。

● 主控（MC）指令后，母线（LD、LDI）移动主控触点后，MCR 为将其返回原母线的指令。

● 通过更改软元件地址号 Y、M，叮多次使用主控指令。但使用同一软元件地址号时，就和 OUT 指令一样，成为双线圈输出。

● 没有嵌套结构时，通用 N0 编程。N0 的使用次数没有限制。有嵌套结构时，嵌套级 N 的地址号增大，即 N0～N7。

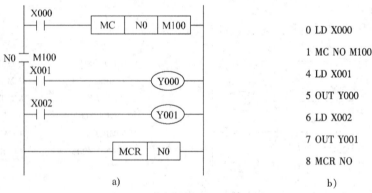

a)　　　　　　　　　　　　　　　b)

图2-14　梯形图和语句表（八）

a）梯形图　b）语句表

8. 脉冲输出指令 PLS、PLF　PLS、PLF 指令助记符与功能见表2-8。

表2-8　指令助记符与功能

指令助记符、名称	功　能	程　序　步
PLS 上升脉冲	上升沿微分输出	2
PLF 下沿脉冲	下降沿微分输出	2

指令说明：

● 使用 PLF 指令时，仅在驱动输入 OFF 后 1 个扫描周期内，软元件 Y、M 动作。

● 使用 PLS 指令时，仅在驱动输入 ON 后 1 个扫描周期内，软元件 Y、M 动作。

编程举例：

例2-3　PLS 和 PLF 指令的应用，如图 2-15 所示。其中，各软元件的状态如图 2-16

所示。

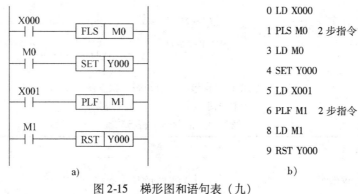

图 2-15 梯形图和语句表（九）

a）梯形图 b）语句表

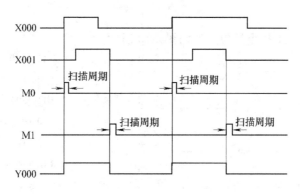

图 2-16 软元件的状态

9. 自保持与解除指令 SET、RST SET、RST 指令助记符与功能见表 2-9。

表 2-9 指令助记符与功能

指令助记符、名称	功　能	可用软元件	程　序　步
SET 置位	动作保持	Y、M、S	Y、M：1
RST 复位	消除动作保持	Y、M、S、T、C、D、V、Z	S、特 M：2 T、C：2 D、V、Z、特 D：3

指令说明：

● 如图 2-17 所示，X000 一旦接通后，即使它再次成为 OFF，Y000 依然被吸合。X001 一旦接通后，即使它再次成为 OFF，Y000 仍然是释放状态。

● 对同一种软元件，SET、RST 可多次使用，顺序也可随意，但最后执行者有效。

● 此外，要使数据寄存器 D、变址寄存器 V、Z 的内容清零时，也可使用 RST 指令。

● 积算定时器 T246 ~ T255 的当前值的复位和触点复位也可用 RST 指令。

10. 计数器、定时器线圈输出和复位指令 OUT、RST 计数器软元件的 OUT、RST 指令助记符与功能见表 2-10。

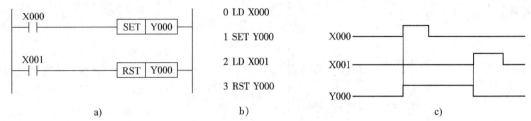

a)   b)   c)

图 2-17 梯形图、语句表和状态图

a) 梯形图 b) 语句表 c) 状态图

表 2-10 指令助记符与功能

指令助记符、名称	功　能	程　序　步
OUT 输出	计数线圈的驱动	32 位计数器：5 16 位计数器：3
RST 复位	输出触点的复位、当前值的清零	2

编程举例：

例 2-4 OUT 和 RST 指令的应用，如图 2-18 所示。

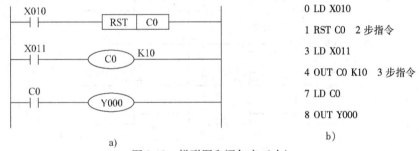

0 LD X010

1 RST C0　2 步指令

3 LD X011

4 OUT C0 K10　3 步指令

7 LD C0

8 OUT Y000

a)   b)

图 2-18 梯形图和语句表（十）

a) 梯形图 b) 语句表

指令说明：

- C0 对 X011 的由 OFF 到 ON 变化次数进行增计数，当它达到设定值 K10 时，输出触点 C0 动作，以后即使 X011 从 OFF 到 ON，计数器的当前值不变，输出触点依然动作。

- 为了清除这些当前值，让输出触点复位，则应令 X010 为 ON。

- 有必要在 OUT 指令后面指定常数 K 或用数据寄存器的地址号作间接设定。

- 对于掉电保持型计数器，即使停电，也能保持当前值和输出触点的工作状态或复位状态。

11. 空操作指令 NOP 、程序结束指令 END

NOP、END 指令助记符与功能见表 2-11。

表 2-11 指令助记符与功能

指令助记符、名称	功　能	程　序　步
NOP 控操作	无动作	1
END 结束	输入输出处理和返回到 0 步	1

指令说明：

（1）NOP 指令：

1）将程序全部清除时，全部指令成为空操作。

2）若在普通指令与指令之间加入空操作（NOP）指令，则可编程序控制器可继续工作，而与此无关。若在编写程序过程中加入空操作指令，则在修改或追加程序时，可以减少步序号的变化，但是程序步需要有空余。

3）若将已写入的指令换成 NOP 指令，则电路会发生变化，务必请注意。

（2）END 指令：

1）可编程序控制器反复进行输入处理、程序执行、输出处理。若在程序的最后写入 END 指令，则 END 指令以后的其余程序步不再执行，而直接进行输出处理。

2）若程序中没有 END 指令时，则将一直处理到最终的程序步再执行输出处理，然后返回 0 步处理程序。

3）在调试期间，在各程序段中插入 END 指令，可依次检测各程序段的动作。在这种场合下，应在确认前面电路块动作正确无误后，依次删去 END 指令。

2.4.2　梯形图设计的规则和技巧

1）按梯形图编制程序时，要以左母线为起点，按照从左至右、自上而下的原则进行。

2）梯形图中的触点应画在水平线上，而不能画在垂直分支上，如图 2-19a 所示，由于 X005 画在垂直分支上，这样很难判断与其他触点的关系，也很难判断 X005 与输出线圈 Y001 的控制方向，因此应根据从左至右、自上而下的原则。正确的画法如图 2-19b 所示。

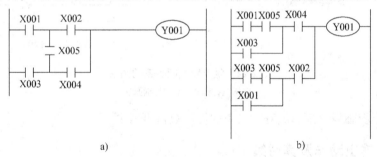

图 2-19　触点的画法
a）不正确画法　b）正确画法

3）不包含触点的分支应放在垂直方向，不应放在水平线上，这样便于看清触点的组成和对输出线圈的控制方式，以免编程时出错，如图 2-20 所示。

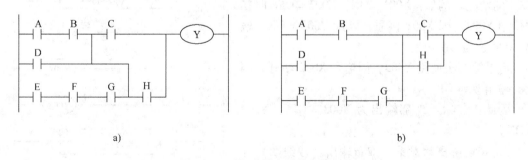

图 2-20　不包含触点的分支的画法
a）不正确画法　b）正确画法

4）在有几个串联电路相并联时，需将触点最多的那条串联电路放在梯形图的最上面，在有几个并联电路串联时，应将触点最多的那个并联放在梯形图的最左面，这样所编的程序比较明了，使用的指令较少，如图 2-21 所示。

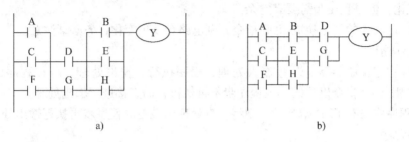

图 2-21　串并联电路的画法
a）不正确画法　b）正确的画法

5）在画梯形图时，不能将触点画在线圈的右边，而只能画在线圈的左边，如图 2-22 所示。

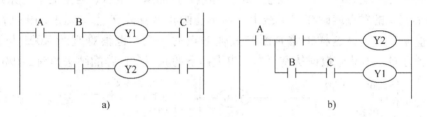

图 2-22　触点和线圈关系的画法
a）不正确画法　b）正确画法

6）若梯形图画得合理，编程时指令的使用数目可减少。

2.4.3　双重输出动作及其对策

1. 双重输出动作　若在顺控程序内进行线圈的双重输出（双线圈），则后面的动作优先。

如图 2-23 所示，考虑在多处使用同一线圈 Y003 的情况。例如：X001 = ON，X002 = OFF 时初次使用 Y003，因 X001 接通，因此 Y003 = ON，输出 Y004 也为 ON。

但是第二次使用 Y003，因输入 X002 断开，因此其输出改为 OFF。

因此，实际上外部输出为 Y003 = OFF，Y004 = ON。

2. 双重输出的对策　双重输出（双线圈）在程序方面并不违反输入，但是因为上述动作复杂，因此要按图 2-24 所示改变程序。

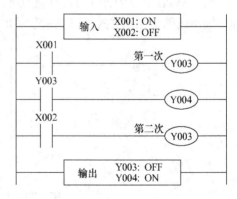

图 2-23　双重输出动作（一）

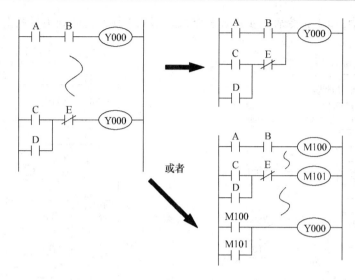

图 2-24 双重输出动作（二）

2.5 PLC 的步进控制指令系统

步进控制指令共有两条，即步进开始指令（STL）和步进结束指令（RET）。它们专门用于步进控制程序的编写。

用步进指令设计程序时，往往是先写出控制过程的工艺流程，根据工艺流程设计出梯形图，再根据梯形图写出指令表。这里用状态转移图来表示步进控制过程的工艺流程。

1. 状态转移图　状态转移图是用来描述被控对象每一步动作的状态，以及下一步动作状态出现时的条件的。即它是用"状态"描述的工艺流程图。在状态转移图中，计时器、计数器、辅助继电器等元件可任意使用。状态转移图的画法如图 2-25 所示。

当 M8002 动作时，控制过程进入初始化状态。若 X001 为 ON，状态 S0 转移到状态 S20，此时初始化状态 S0 自动复位。在 S20 状态时，Y000 被驱动。若 X002 为 ON，状态 S20 转移到 S21，同时，状态 S20 自动复位。在 S21 状态时，Y001 被驱动。若 X003 为 ON，定时器 T0 线圈被驱动，定时器计时。待状态转移到下一个状态时，S21 状态自动复位，Y001 为 OFF，T0 复位。

由此可见，状态转移图中的每一状态要完成以下 3 个功能，即

（1）状态转移条件的指定，如图 2-25 中的 X001、X002。

（2）驱动线圈（负载），如图 2-25 中的 Y000、Y001、T0。

（3）指定转移目标（置位下一状态），如图中 S20、S21 等被置位。

当状态从上一状态转移到下一状态时，上一状态自动复位。若用 SET 置位 M、Y，则状态转移后，该元件不复位，直到执行 RST 指令后才复位。

2. 步进梯形图　将图所示的状态转移图转换成步进梯形图，如图 2-26 所示。

步进梯形图中步进触点的画法与普通触点的画法不同，如图 2-25 中 S0 触点。步进触点只有常开触点，与主母线相连。对步进触点，用步进指令 STL 编程；与步进触点相连的触点要用 LD/LDI 指令编程，就好像是母线移到了步进触点的后面成了副母线。用 SET 指令表

示状态的转移，用 RET 指令表示步进控制结束，即副母线又返回到主母线上。

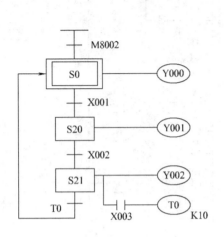

图 2-25　状态转移图

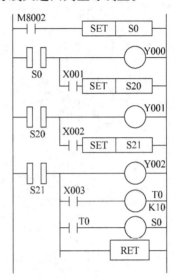

图 2-26　步进梯形图

图 2-26 对应的指令表如下：

0 LD M8002	6 STL S20	12 LD X003
1 SET S0	7 OUT Y001	13 OUT T0 K 10
2 STL S0	8 LD X002	14 LD T0
3 OUT Y000	9 SET S21	15 OUT S0
4 LD X001	10 STL S21	16 RET
5 SET S20	11 OUT Y002	17 END

3. 可在状态内处理的指令一览表（见表 2-12）

表 2-12　可在状态内处理的指令

指令		LD/LDI, AND/ANI, OR/ORI, OUT, SET/RST, PLS/PLF	ANB/ORB, MPS/MRD/MPP	MC/MCR
初始状态/一般状态		可以使用	可以使用	不可使用
分支，汇合状态	输出处理	可以使用	可以使用	不可使用
	转移处理	可以使用	不可使用	不可使用

2.6　FX—20P—E 型手持式编程器的使用

　　FX—20P—E 型手持式编程器（见图 2-27）和一般编程器一样，有在线编程和离线编程两种方式。在线编程也叫联机编程，编程器和 PLC 直接相连，并对 PLC 用户程序存储器进行直接操作。在写入程序时，若未装 EEPROM 卡盒时，程序就写入了 PLC 内部的 RAM；若装有 EEPROM 卡盒，则程序就写入了该存储器卡盒。在离线编程方式下，编制的程序先写入编程器内部的 RAM，再成批地传送到 PLC 的存储器，也可以在编程器和 ROM 写入器之间进行程序传送。

它不仅可用来向 PLC 写入程序，还可用来监测 PLC 的运行状态。

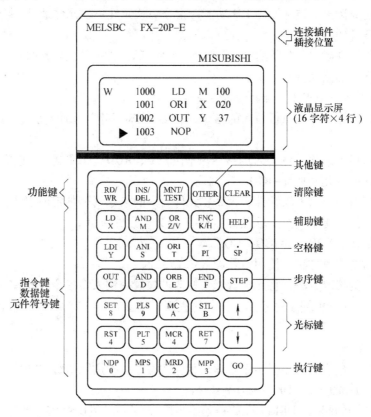

图 2-27　FX—20P—E 型手持式编程器的外观

1. 键的作用

①　功能键（读出 RD/写入 WR，插入 INS/删除 DEL，监测 MNT/测试 TEST）。各功能键交替作用（按一次时选择键左上方表示的功能；再按一次，则选择右下方表示的功能）。

②　其他键（OTHER）。在任何状态下按该键，将显示方式项目单选择画面。

③　清除键（CLEAR）。取消按 GO 键以前（即确认前）的键输入，清除错误信息，恢复到原来的画面。

④　辅助键（HELP）。显示应用指令一览表。用于监测功能时，可进行十进制和十六进制的切换，起到键输入时的辅助功能。

⑤　空格键（SP）。在输入时，进行指定软元件地址号、指定常数，要用到空格键。

⑥　步序键（STEP）。设定步序号时按该键。

⑦　光标键。移动行光标及提示符，指定当前软元件的前一个或后一个地址号的软元件，作行滚动。

⑧　执行键（GO）。进行指令的确认、执行，以及显示后面画面的滚动和再搜索。

⑨　指令、软元件符号、数字键。上部为指令，下部为软元件符号及数字。上、下两部的功能是对应于键操作进行的，通常为自动切换。下部符号中，Z/V、K/H、P/I 交替作用（反复按键时，互相切换）。

2. 程序的读出

① 根据步序号读出。选择读出 RD 功能→STEP→指定步序号→GO。

② 根据指令读出。选择读出 RD 功能→指令→软元件→软元件地址→GO（反复按 GO 键，检索同样条件的指令）。

③ 根据软元件读出。选择读出 RD 功能→SP→软元件→软元件地址→GO（反复按 GO 键，检索同样条件的软元件）。

3. 程序的写入和确认前/后的修改

① 输入只需指令即可执行写入的指令（例如 ANB、MPS、END 等）。选择写入 WR 功能→指令→GO。

② 输入用指令及软元件写入的指令（例如 LD、AND、OUT 等）。选择写入 WR 功能→指令→软元件→软元件地址→GO。

③ 输入用指令及第 1 软元件、第 2 软元件写入的指令（例如定时器 T、计数器 C 等）。选择写入 WR 功能→指令→第 1 软元件→SP→第 2 软元件→GO。

④ 清零操作。NOP→A→GO→GO。

⑤ 确认前的修改方法。使用清除键（CLEAR）。

⑥ 确认后的修改方法。将光标置于要修改的位置→键入新指令或元件→GO。

4. 程序的插入　根据步序号读出相应的程序，按插入 INS 键，在行光标指定的步的前面，进行插入。

5. 程序的删除

① 删除某一条指令。根据步序号读出相应的程序，按删除 DEL 键进行删除。

② NOP 的成批删除。DEL→NOP→GO。

③ 指定范围的删除。DEL→STEP→起始步序号→SP→STEP→终止步序号→GO。

6. 监测

① 软元件监测。MNT→SP→软元件→软元件地址→GO。

② 导通检查。MNT→STEP→步序号→GO。

③ 动作状态监测。MNT→STL→GO。

7. 测试

① 强制 ON/OFF。软元件监视→TEST→SET（强制 ON）→RST（强制 OFF）。

② T、C 的当前值的变更。软元件监视→TEST→SP→K/H→新当前值→GO。

③ T、C 的设定值的变更。软元件监视→TEST→SP→SP→K/H→新设定值→GO。

2.7　PLC 编程常见电路介绍

1. 保持电路　将输入信号加以保持和记忆。当 X000 接通一下，辅助继电器 M500 接通并保持，Y000 有输出。停电后再通电，Y000 仍有输出，只有 X001 触点接通，其常闭触点断开，才能使 M500 自保持消失，使 Y000 无输出。梯形图如图 2-28 所示。

2. 优先电路　若输入信号 A 或 B 中先到者取得优先权，而后到者无效，则实现这种功能的电路称为优先电路。若 X000 先接通，M100 线圈接通，Y000 有输出，同时由于 M100 的常闭触点断开，X001 再接通时，亦无法使 M101 动作，Y001 无输出。若 X001 先接通，则情况恰好相反。梯形图如图 2-29 所示。

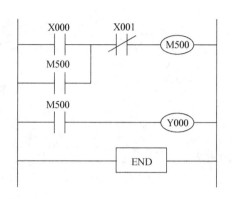

图 2-28　保持电路

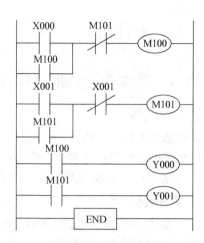

图 2-29　优先电路

3. 分频电路　用 PLC 可以实现对输入信号的任意分频。将脉冲信号加入 X000 端，使 M100 的常开触点闭合一个扫描周期，Y000 线圈接通并保持。当第 2 个脉冲到来时，M100 的常开触点闭合一个扫描周期，常闭触点断开一个扫描周期，此时 Y000 的常闭与 M100 的常闭触点断开，Y000 线圈断电。第 3 个脉冲到来时，M100 又产生单脉冲，Y000 线圈再次接通，输出信号又建立。在第 4 个脉冲的上升沿到来时，输出再次消失。以后循环往复，不断重复上述过程，输出 Y000 是输入 X000 的二分频。梯形图如图 2-30 所示。

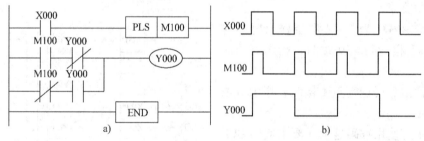

图 2-30　分频电路

a) 梯形图　b) 波形图

4. 振荡电路　振荡电路是经常要用到的，它可作为信号源及信号灯的闪烁电路等。梯形图如图 2-31 所示。

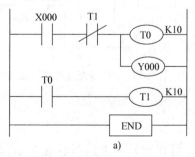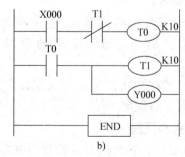

图 2-31　振荡电路

a) 形式一　b) 形式二

2.8 PLC 实训

实训1 电梯层楼信号的 PLC 控制

一、实训目的

1）熟悉数码管的使用方法。

2）掌握电梯层楼信号登记、消号的基本方法。

3）掌握 PLC 编程的基本方法，熟悉基本指令的用法。

二、实训器材

1）PC 编程实验台（包括 FX2N—64MR）。

2）FX—20P 手持式编程器。

3）永磁感应器。

4）数码管。

5）仪表及电工工具。

6）安装板。

7）导线。

三、实训步骤

1. 控制要求

1）1LG ~ 9LG 为 1 ~ 9 层层楼永磁感应器，电梯由 1 楼运行至 9 楼时，指示灯依次燃亮 1 ~ 9。

2）电梯由 9 楼运行至 1 楼时，指示灯依次燃亮 9 ~ 1。

3）指示灯使用数码显示（要求使用 BCD 码数码管）。

2. I/O 分配及外部接线（见图 2-32）

3. 编制梯形图（见图 2-33）

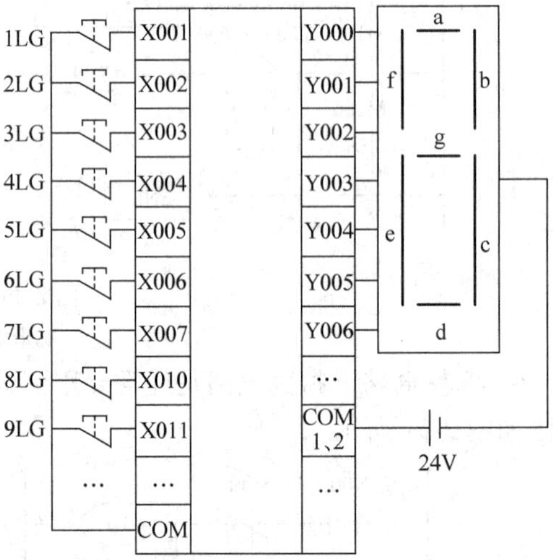

四、注意事项

1）数码管采用 24V 直流电，且数码管是共阴极连接，所以，PLC 输出的公共端"COM"接 24V "＋"。

2）PLC 输出的公共端"COM1"和"COM2"，要予以短接。

图 2-32 I/O 分配及外部接线（一）

五、思考与提高

本实训项目为基础练习，若读者基础良好，可在此基础上进行深化，掌握电梯类设备程序设计的其他基本思路，如轿内指令与轿外指令的登记与消号、运行方向判断等等。

图 2-33　电梯层楼信号控制梯形图

图 2-33　电梯层楼信号控制梯形图（续）

图 2-33 电梯层楼信号控制梯形图（续）

实训 2 三相异步电动机星形—三角形起动的 PLC 控制

一、实训目的

1）熟悉星形—三角形起动控制过程。

2）掌握 PLC 编程的基本方法，进一步熟悉基本指令的用法。

3）掌握 PLC 在三相异步电动机控制中的一般应用。

二、实训器材

1）PC 编程实验台（包括 FX2N—64MR）。

2）FX—20P—E 型手持式编程器。

3）CJ0—10A ～220V 接触器。

4）热继电器。

5）LA19 按钮。

6）导线。

7）仪表及电工工具。

8）安装板。

三、实训步骤

1. 控制要求

1）起动时间整定 5s。

2）Y 联结接触器失电 0.5s 后 △ 联结接触器才能接通。

2. I/O 分配及外部接线（见图 2-34）

3. 编制梯形图（见图 2-35）

四、注意事项

1）本实训的关键是对星形—三角形起动控制过程的理解，编程技巧较少，故应避免走弯路。

2）此电路若在实际运作过程当中，应注意

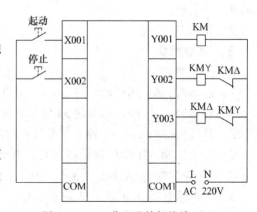

图 2-34 I/O 分配及外部接线（二）

71

图 2-35　星形—三角形起动控制梯形图

热继电器、星形和三角形控制继电器的互锁保护。

五、思考与提高

本实训的编程方法有多种，例如可以采用 SET/RST 指令编程，读者可以进行尝试，并总结出适合自己的编程方法。

实训 3　三相异步电动机顺序起动的 PLC 控制

一、实训目的

1）熟悉顺序起动控制过程。

2）掌握闪烁电路的编程技巧，进一步熟悉基本指令的用法。

3）掌握 PLC 在三相异步电动机控制中的一般应用。

二、实训器材

1）PC 编程实验台（包括 FX2N—64MR）。

2）FX—20P—E 型手持式编程器。

3）CJ0—10A ~ 220V 接触器。

4）热继电器。

5）LA19 按钮。

6）导线。

7）仪表及电工工具。

8）安装板。

9）DC 24V 灯泡。

三、实训步骤

1. 控制要求

1）起动时，M_1 起动后经过 10s M_2 能自行起动。

2）停止时，M_2 停止后经过 5s 后按下 M_1 停止按钮时 M_1 才能停止。

3）M_2 停止时 5s 内 M_2 停止信号灯每秒闪烁 2 次。

4）电动机 M_1 由 KM_1 接触器控制，电动机 M_2 由 KM_2 接触器控制。

2. I/O 分配及外部接线（见图 2-36）

3. 编制梯形图（见图 2-37 和图 2-38）

四、注意事项

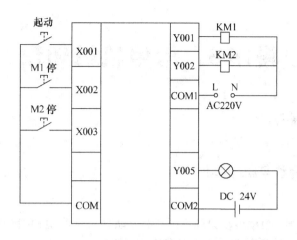

图 2-36 I/O 分配及外部接线（三）

图 2-37 顺序起动控制梯形图（一）

图 2-38 顺序起动控制梯形图（二）

注意交流接触器的电源与指示灯的电源不同，避免将灯泡烧坏，造成事故。

五、思考与提高

本实训的编程方法有多种，其中图 2-38 中巧妙地运用了 SET/RST 指令编程，此外还可运用顺序控制进行编程。大家可以进行多种方法的尝试，并总结出适合自己的编程方法。

模块 3 常用机械知识

3.1 机械知识基础

3.1.1 常用机械传动与机械零件

3.1.1.1 带传动

1. 带传动的类型 根据传动原理不同，带传动分为摩擦型和啮合型。摩擦型带传动可使用平带、V带、多楔带、圆带；啮合型带传动可使用同步带等。

2. 带传动的优缺点

（1）优点：

1）传动中心距较大。

2）带具有较好的阻尼性能，具有缓冲、减振作用。

3）过载时带与带轮间会出现打滑现象，打滑虽然使传动作用失效，但也可以防止损坏其他零部件。

4）结构简单、成本低廉。

（2）缺点：

1）传动机构的外廓尺寸较大。

2）需要张紧装置。

3）由于带传动存在弹性滑动现象，因而不能保证传动比恒定。

4）带的使用寿命较短。

5）传动效率较低。

6）对轴和轴承的压力较大。

通常情况下，带传动用于中、小功率电动机与工作机械之间的动力传递。目前V带传动应用最广，一般带速为 $v = 5 \sim 25 \text{m/s}$，传动比 $i \leqslant 7$，传动效率 $\eta = 0.90 \sim 0.95$。

近年来平带传动的应用已大为减少，但是，在多轴传动或高速情况下，平带传动仍然是很有效的。

3. 带传动的维护

1）带型号与带轮轮槽尺寸应互相配合良好。

2）两带轮相对应轮槽的中心线应重合。

3）带的张紧程度应以大拇指按下 15mm 为宜。

4）使用多根带的带传动，在更换时应将带全部更换。

5）带传动应加防护罩。

6）带的工作温度应为 $-10 \sim 50 \, \text{℃}$。

7）拆卸带时，应先缩小中心距。

3.1.1.2 链传动

链传动由装在平行轴上的主、从动链轮和绕在链轮上的环形链条所组成，以链作为中间挠性件，靠链与链轮轮齿的啮合来传递动力。

1. 链传动的工作原理、组成与优缺点

（1）工作原理：两轮（至少）间以链条为中间挠性元件的啮合来传递动力和运动。

（2）组成：主动链轮、从动链轮、链条、封闭装置、润滑系统和张紧装置等。

（3）优缺点：

1）优点：

① 平均传动比准确，无滑动。

② 结构紧凑，轴上压力小。

③ 传动效率高，$\eta = 0.98$。

④ 承载能力高，传动功率达 100kW。

⑤ 可远距离传动。

⑥ 成本低。

2）缺点：

① 瞬时传动比不恒定。

② 传动不平稳。

③ 传动时有噪声、冲击。

④ 安装要求较高。

（4）与带传动相比，链传动没有弹性滑动和打滑，能保持准确的平均传动比；需要的张紧力小，作用于轴的压力也小，可减少轴承的摩擦损失；结构紧凑；能在温度较高、有油污等恶劣环境条件下工作。

（5）与齿轮传动相比，链传动的制造和安装精度要求较低；中心距较大时其传动结构简单。

2. 链的主要类型

（1）按工作特性分：起重链、牵引链、传动链。

（2）按传动链形式分：套筒链、滚子链、齿形链、成型链。

3. 链传动的应用　用于两轴相距较远、工况较为恶劣、传动比精度要求不是很高的农业、矿业、冶金、起重、运输、石油、化工和环卫机械及摩托车中。

通常，中低速传动：传动比 $i \le 8$，传递功率 $P \le 100kW$，链速 $v \le 12 \sim 15m/s$。其中无声链最大线速度可达 40m/s，传动效率为 $0.89 \sim 0.95$（不适于在冲击与急促反向等情况）。

3.1.1.3　联轴器

1. 联轴器的作用　由于制造和安装联轴器时不可能绝对精确，以及工作受载时基础、机架和其他部件的弹性变形与温差变形，联轴器所连接的两轴线不可避免地要产生相对偏移。与联轴器相连接的两轴可能出现的相对偏移有：轴向偏移、径向偏移和角向偏移，以及三种偏移同时出现的组合偏移。

联轴器的两轴相对偏移的出现，将在轴、轴承和联轴器上引起附加载荷，甚至出现剧烈振动。因此，联轴器还应具有一定的补偿两轴偏移的能力，以消除或降低两轴相对偏移引起的附加载荷，改善传动性能，延长使用寿命。为了减少机械传动系统的振动，降低冲击尖峰载荷，膜片联轴器还应具有一定的缓冲减振性能。

2. 联轴器的类型

1）刚性联轴器：刚性联轴器不具有补偿被联两轴轴线相对偏移的能力，也不具有缓冲减振性能，但是其结构简单，价格便宜。只有在载荷平稳、转速稳定，以及能够保证被联两轴轴线相对偏移极小的情况下，才可选用刚性联轴器。

2）挠性联轴器：具有一定的补偿被联两轴轴线相对偏移的能力，最大量随型号不同而异。其中，无弹性元件的挠性联轴器，其承载能力大，但也不具有缓冲减振性能，在高速或转速不稳定或经常正、反转时，有冲击噪声。适用于低速、重载、转速平稳的场合。

3）非金属弹性元件的挠性联轴器：在转速不平稳时有很好的缓冲减振性能，但由于非金属（橡胶、尼龙等）弹性元件的强度低、寿命短、承载能力小、不耐高温和低温，故适用于高速、轻载和常温的场合。

4）金属弹性元件的挠性联轴器：除了具有较好的缓冲减振性能外，承载能力较大，适用于速度和载荷变化较大及高温或低温场合。

5）安全联轴器：在结构上的特点是，存在一个保险环节（如销钉可动联结等），其只能承受限定载荷。当实际载荷超过事前限定的载荷时，保险环节就发生变化，并截断运动和动力的传递，从而保护机器的其余部分不致损坏，即起到安全保护作用。

6）起动安全联轴器：除了具有过载保护作用外，还有将电动机的带载起动转变为近似空载起动的作用。

3. **联轴器的选用与维护**　联轴器的外形尺寸，即最大径向和轴向尺寸，必须在机械设备允许的安装空间以内。因此，应选择拆装方便、不用维护、维护周期长或维护方便、更换易损件不用移动两轴、对中调整容易的联轴器。

大型机器设备调整两轴对中较困难，应选择使用耐久和更换易损件方便的联轴器。金属弹性元件的挠性联轴器一般比非金属弹性元件的挠性联轴器的使用寿命长。需密封润滑或不耐久的联轴器，必然增加维护工作量。对于长期连续运转和经济效益较高的场合，例如我国冶金企业的轧机传动系统高速端，目前普遍采用的是齿式联轴器，齿式联轴器虽然理论上传递转矩大，但必须在润滑和密封良好的条件下才能耐久工作，且需经常检查密封状况，加注润滑油或润滑脂，维护工作量大，增加了辅助工时，减少了有效工作时间，影响生产效益。国际上工业发达国家，已普通选用使用寿命长、不用润滑和维护的膜片联轴器取代鼓形齿式联轴器，不仅提高了经济效益，还可净化工作环境。在轧机传动系统选用我国研制的弹性活销联轴器和扇形块弹性联轴器，不仅具有膜片联轴器的优点，而且缓冲减振效果好，价格更便宜。

4. **联轴器的工作环境**　联轴器与各种不同主机产品配套使用，周围的工作环境比较复杂，如温度、湿度、水、蒸汽、粉尘、沙尘、油、酸、碱、腐蚀介质、盐水、辐射等状况，是选择联轴器时必须考虑的重要因素之一。对于高温、低温、油、酸、碱介质的工作环境，不宜选用以一般橡胶为弹性元件材料的挠性联轴器，应选择金属弹性元件的挠性联轴器，例如膜片联轴器、蛇形弹簧联轴器等。

3.1.1.4　轴

1. **轴的分类**　按轴的受载情况可分为转轴、传动轴和心轴。

（1）转轴：同时承受转矩和弯矩的轴。大多数轴的受载情况，如图3-1所示。

（2）传动轴：主要承受转矩的轴。

（3）心轴：只承受弯矩而不承受转矩的轴。

2. **轴的应用**　曲轴常用于内燃机等往复式机械中。挠性钢丝轴由几层紧贴在一起的钢丝绕制而成,可以把转矩和旋转运动灵活地传送到任何位置上,常用于振捣器等设备中。

3. 轴的组成 轴由轴头、轴颈、轴身组成。

4. 轴的材料 轴的力学模型是梁,且多数情况下要发生转动,因此其应力通常是对称循环。

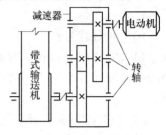

图 3-1 转轴安装示意图

其可能的失效形式有:疲劳断裂、过载断裂、弹性变形过大等。

轴上通常要安装一些带轮毂的零件,因此大多数轴应作成阶梯轴,因此切削加工量较大,要求轴的材料有良好的综合力学性能,故常采用中碳钢、中碳合金钢。

5. 轴上零件的定位和固定

(1) 轴上零件的轴向固定。常采用轴肩和轴环、套筒、螺母或弹性挡圈、轴端挡圈等形式。

(2) 轴上零件的周向固定。多采用键、花键或过盈配合等。

3.1.1.5 轴承

轴承是机械设备中的固定机件。当其他机件在轴上产生相对运动时,用来保持轴的中心位置及控制该运动的机件,就称之为轴承。

1. 滚动轴承的构造 滚动轴承的构造如图 3-2 所示。

2. 滚动体的类型 轴承滚动体的类型包括:球形、圆柱滚子、鼓形、圆锥滚子、滚针,如图 3-3 所示。

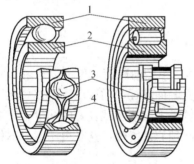

图 3-2 滚动轴承的构造

1—外圈 2—内圈

3—滚动体 4—保持架

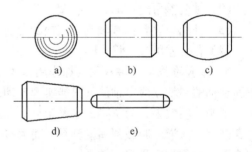

图 3-3 滚动体的类型

a) 球形 b) 圆柱滚子 c) 鼓形

d) 圆锥滚子 e) 滚针

3. 滚动轴承的代号 滚动轴承(滚针轴承除外)的代号见表 3-1。

表 3-1 滚动轴承的代号

前置代号	基本代号				后置代号
结构、形状、尺寸、公差、技术要求等改变时添加的补充代号	一	二	三	四、五	结构、形状、尺寸、公差、技术要求等改变时添加的补充代号
	类型代号	尺寸系列代号(二十三)		内径代号	
		宽(高)度系列	直径系列		

(1) 类型代号用数字或字母表示,例如代号 1 表示调心球轴承,2 表示调心滚子轴承和推力调心滚子轴承。

（2）尺寸系列代号：由轴承的宽（高）度系列代号和直径系列代号组成，如图3-4所示。

（3）内径代号：

1）10～17mm 内径，有 10mm、12mm、15mm、17mm 四个尺寸，代号00、01、02、03。

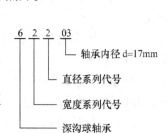

图3-4　尺寸系列代号

注：括号内为与新代号对应的旧代号。

2）20～480mm 内径，公称内径除以5的商数，商数为个位数，需要在商数左边加"0"，如08。

3）≥500mm 及 22mm、28mm、32mm 特殊值，直接用公称内径毫米数表示，加"/"与尺寸系列代号隔开。

基本代号举例如图3-5所示。

（4）前置、后置代号：

1）公差等级：共6个，由高到低为/P2、/P4 、/P5、/P6x、/P6 、/P0，其中/P0 省略不标。

2）游隙，轴承内圈相对外圈沿径向或轴向可移动最大距离。6个组别：/C0（不标）、/C1 、/C2 、/C3 、/C4、/C5。

```
6   2   2   03
                └── 轴承内径 d=17mm

            └────── 直径系列代号

        └────────── 宽度系列代号

    └────────────── 深沟球轴承
```

图3-5　基本代号举例

4. 滚动轴承的配合

（1）内圈与轴：基孔制，有过盈的配合。

（2）轴公差可选：n6，m6，k5，k6。

（3）外圈与座孔：基轴制，较松配合。

（4）孔公差可选：J7，H7，G7。

5. **轴承的作用**　轴承的支撑作用其实质就是能够承担径向载荷。也可以理解为它是用来固定轴的，就是固定轴使其只能实现转动，而控制其轴向和径向的移动。不仅如此，轴承还会影响传动效果，为了降低这种影响，在高速轴的轴承上必须实现良好的润滑，有的轴承本身已经有润滑，叫做预润滑轴承，而大多数的轴承必须有润滑油，这是由于摩擦不仅会增加能耗，而且很容易损坏轴承。

6. **轴承的安装与拆卸**　轴承安装利用压力机压套，分为热装、冷装。轴承拆卸利用压力机和拆卸工具进行。

7. **滚动轴承的润滑**

（1）润滑的目的：滚动轴承润滑的目的是减少轴承内部摩擦及磨损，并防止烧粘。其润滑效用如下：

1）减少摩擦及摩损。在构成轴承的套圈、滚动体及保持架的相互接触部分，防止金属接触，减少摩擦、磨损。

2）延长使用寿命。轴承的使用寿命，若滚动接触面润滑良好，则延长；若润滑油粘度低，润滑油膜厚度不好，则缩短。

3）释放摩擦热，进行冷却。循环给油法等可以用油释放由摩擦产生的热或由外部传来的热，防止轴承过热，防止润滑油自身老化。

4）其他用途。防止异物侵入轴承内部，防止生锈、腐蚀。

（2）润滑方法：轴承的润滑方法分为脂润滑和油润滑。为了使轴承很好地发挥作用，首先要选择适合其使用条件、使用目的的润滑方法。若只考虑润滑，油润滑的润滑性占优势。但是，脂润滑有可以简化轴承周围结构的优点。一般选择原则如下：

转速小于4~5m/s时采用润滑脂润滑；高速时采用润滑油润滑，浸油或飞溅润滑；更高速度时可采用喷油或油雾润滑。

8. 滚动轴承的检验（见图3-6）

（1）外观检验：内、外圈与滚动体有无斑点、剥落、凹坑。

（2）空转检验：转动灵活性。

（3）游隙测量：径向游隙0.1~0.5mm。

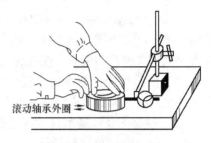

滚动轴承外圈

图3-6 滚动轴承的检验

9. 轴承的使用与保管：与一般的机械零件相比，滚动轴承的精度较高，因此使用时应小心谨慎。

（1）保持轴承及其周围的清洁。

（2）若使用时粗心大意会给轴承以强烈的冲击，并使轴承出现伤痕、压痕、断裂等伤。

（3）使用合适的工具。

（4）注意轴承的防锈。避免在潮湿的场所使用，而且为不使汗水沾上，安装时应戴好手套。

（5）使用者应熟悉轴承。

轴承使用时的作业规范如下：

1）轴承的保管规范。

2）轴承及其周边的清洗。

3）安装部位的尺寸与加工质量的检验。

4）安装作业。

5）安装后的检查。

6）拆卸作业。

7）维护保养（定期检查）。

8）润滑剂的补充。

3.1.2　公差与配合、表面粗糙度基本知识

3.1.2.1　公差与配合

在机械制造过程中要求零部件具有互换性，要求零件加工后的尺寸、形状和位置等参数的实际数值和它的理论数值相符合。"公差与配合"国家标准规定了加工精度和公差配合的要求。

1. 精度　国家标准规定，标准公差等级就是确定尺寸精确程度的等级。标准公差共分为20级，即IT01、IT0、IT1~IT18。IT表示标准公差，数字表示公差等级。从IT01~IT18等级依次降低。

2. 尺寸　为保证同一规格零件具有互换性，需对其有关尺寸规定变动范围。

（1）基本尺寸、实际尺寸和极限尺寸：通过应用上、下偏差可算出极限尺寸的尺寸称

为基本尺寸。零件制成后测量所得的尺寸称为实际尺寸。由于存在测量误差，实际尺寸不是零件的真实尺寸，它所允许的最大尺寸称为最大极限尺寸，它所允许的最小尺寸称为最小极限尺寸。

（2）偏差：实际尺寸与基本尺寸的代数差称为偏差，偏差值可以是正值、负值或零。

（3）尺寸公差（简称公差）：最大极限尺寸与最小极限尺寸之代数差称为公差。因此，公差是实际尺寸允许的变动量，它总是取正值。

3. 配合与基准制　零件中孔与轴的配合是最普通的配合形式，它们配合的松紧要求随使用要求不同而不同，但其基本尺寸都是相同的。这种基本尺寸相同、相互结合的孔与轴公差带之间的关系称为配合，配合有三种类型。

（1）间隙配合：基本尺寸相同的孔与轴配合时，孔的公差带总是在轴的公差带之上，孔与轴之间具有间隙（包括最小间隙等于零）的配合。

（2）过盈配合：基本尺寸相同的孔与轴配合时，孔的公差带总是在轴的公差带之下，孔与轴之间总有过盈（包括最小过盈等于零）的配合。

（3）过渡配合：基本尺寸相同的孔与轴配合时，孔与轴之间可能有间隙，也可能有过盈，称为过渡配合。

4. 配合制　为了得到上述三种配合，规定采用基孔制配合和基轴制配合两种配合制。

（1）基孔制：指位置一定的孔公差带，与不同位置的轴公差带形成各种配合的制度。基孔制的孔为基准孔，代号为 H，其下偏差为零。

（2）基轴制：指位置一定的轴公差带，与不同位置的孔公差带形成各种配合的制度。基轴制的轴为基准轴，代号为 h，其上偏差为零。

3.1.2.2　表面粗糙度

1. 表面粗糙度的定义　是指加工表面具有的较小间距和微小峰谷不平度。其两波峰或两波谷之间的距离（波距）很小（在 1mm 以下），用肉眼是难以区别的，因此它属于微观几何形状误差。若表面粗糙度值越小，则表面越光滑。表面粗糙度值的大小，对机械零件的使用性能有很大的影响，主要表现在以下几个方面：

（1）表面粗糙度影响零件的耐磨性。表面越粗糙，配合表面间的有效接触面积越小，压强越大，磨损就越快。

（2）表面粗糙度影响配合性质的稳定性。对间隙配合来说，表面越粗糙，就越易磨损，使工作过程中间隙逐渐增大；对过盈配合来说，由于装配时将微观凸峰挤平，减小了实际有效过盈，降低了连接强度。

（3）表面粗糙度影响零件的疲劳强度。粗糙零件的表面存在较大的波谷，它们像尖角缺口和裂纹一样，对应力集中很敏感，从而影响零件的疲劳强度。

（4）表面粗糙度影响零件的耐腐蚀性。粗糙的表面，易使腐蚀性气体或液体通过表面的微观凹谷渗入到金属内层，造成表面腐蚀。

（5）表面粗糙度影响零件的密封性。粗糙的表面之间无法严密地贴合，气体或液体通过接触面间的缝隙发生渗漏。

（6）表面粗糙度影响零件的接触刚度。接触刚度是指零件结合面在外力作用下，抵抗接触变形的能力。机械的刚度在很大程度上取决于各零件之间的接触刚度。

（7）表面粗糙度影响零件的测量精度。零件被测量表面和测量工具测量面的表面粗糙度都会直接影响测量的精度，尤其是在进行精密测量时。

此外，表面粗糙度对零件的镀涂层、导热性和接触电阻、反射能力和辐射性能、液体和气体流动的阻力、导体表面电流的流通等都会有不同程度的影响。

2. 表面粗糙度的符号

（1）几种符号：

1）基本符号，表示对表面结构有要求，如图 3-7a 所示。

2）扩展符号，基本符号加一短划，表示表面用去除材料的方法获得，如图 3-7b 所示。

基本符号加一小圆，表示表面用不去除材料方法获得（铸、锻、冲压等），如图 3-7c 所示。

3）完整符号，对基本符号或扩展符号扩充后的图形符号，用于对表面结构有补充要求的标注，如图 3-7d 所示。

4）图 3-8 所示图形符号表示在图样某个视图上构成封闭轮廓的各表面有相同的表面结构要求。图 3-9 所示为表面粗糙度符号的画法及注法。

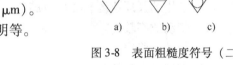

图 3-7　表面粗糙度符号（一）

图 3-9 中各参数的意义如下：

① d'，h，H：$d' = h/10$；$H \approx 1.4h$，h 为字体高度。

② a_1、a_2：粗糙度高度参数代号及其数值（μm）。

③ b：加工要求、镀覆、表面处理或其他说明等。

④ c：取样长度（mm）或波纹度（μm）。

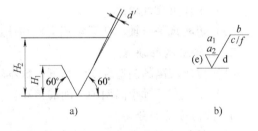

图 3-8　表面粗糙度符号（二）

⑤ d：加工纹理和方向符号。

⑥ e：加工余量（mm）。

⑦ f：粗糙度间距参数值（mm）或轮廓支承长度率。

（2）零件加工表面的粗糙度要求由指定的加工方法获得，并用文字标注在符号上边的横线上，加工方法也可在图样的技术要求中加以说明。

图 3-9　表面粗糙度符号的画法及注法

（3）加工余量标注在符号的左侧，标注时数值单位为毫米（mm）。

（4）其他参数，包括轮廓的单峰平均间距 S、轮廓微观不平度的平均间距 Sm、轮廓支承长度率 t_p 等的标注，应标注在符号长边的横线下面，并且必须在参数值前标注参数的符号。

3. 表面粗糙度符号、代号在图样上的标注　一般标注在可见轮廓线或它们的延长线上，必要时也可用带箭头或黑点的指引线引出标注，符号的尖端必须从材料外指向并接触表面，代号中数字及符号的注写方向必须与尺寸数字方向一致。此外，还可标注在特征尺寸的尺寸线上、形位公差的框格上等。

标准规定，在同一张图样上，每一表面一般只标注一次。当零件的大部分表面具有相同的表面粗糙度要求时，对其中使用最多的一种代号可以统一标注在图样的标题栏附近，并在圆括号中给出无任何其他标注的基本符号或不同的表面结构要求。

当零件所有表面具有相同的表面粗糙度要求时，其代号可在图样的图形或标题栏附近进行简化标注。

4. 表面粗糙度的选用　既能满足零件表面功能要求，又要考虑经济性的原则，一般采用类比法进行选用。

（1）在满足表面功能要求下，尽量选取较大的表面粗糙度值。

（2）工作表面的表面粗糙度值要小于非工作表面的表面粗糙度值。

（3）摩擦表面的表面粗糙度值要小于非摩擦表面的表面粗糙度值，滚动摩擦表面的表面粗糙度值要小于滑动摩擦表面的，运动速度高、压力大的摩擦面的表面粗糙度值应比运动速度低、压力小的摩擦表面的小。

（4）承受循环载荷的表面粗糙度值要小。

（5）配合精度要求高、结合面配合间隙小的配合表面的表面粗糙度值要小。

（6）配合性质相同时，尺寸小的表面其表面粗糙度值小。

（7）防腐性、密封性要求高的表面粗糙度值小。

3.1.3　齿轮传动与蜗杆传动

3.1.3.1　齿轮传动

1. 齿轮机构的优点　齿轮机构是应用最广的机构之一，其优点包括：

（1）适用的圆周速度和功率范围广。

（2）传动效率较高。

（3）传动比稳定。

（4）使用寿命较长。

（5）工作可靠性较高。

（6）可实现平行轴、任意角相交轴和任意角交错轴之间的传动。

2. 齿轮机构的缺点

（1）要求较高的制造和安装精度，成本较高。

（2）不适宜于远距离两轴之间的传动。

3. 齿轮传动的分类

（1）按传动比分类：

1）定传动比：圆形齿轮传动（圆柱、圆锥）。

2）变传动比：非圆齿轮传动（椭圆齿轮）。

（2）按照两轴的相对位置和齿向分类，如图3-10所示。

4. 对齿轮传动的要求　齿轮传动是依靠主动轮的齿廓推动从动轮的齿廓来实现运动传递的。两轮的瞬时角速度之比称为传动比。齿轮传动最重要的要求之一，就是传动比必须恒为常数。否则，当主动轮以等角速度回转时，从动轮的角速度将为变数，从而产生了惯性力。这不仅影响齿轮的寿命，使其过早地破坏；同时也引起机械的振动，发生撞击和影响工作精度。

3.1.3.2　蜗杆传动

1. 蜗杆传动的特点

（1）优点：

1）传动比很大，结构紧凑。在分度机构中，蜗杆传动的传动比可以达到1000；在动力

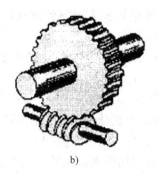

a)　　　　　　　　　　　　b)　　　　　　　　　　　c)

图 3-10　齿轮机构分类

a) 交错轴斜齿轮　b) 蜗轮蜗杆　c) 准双曲面齿轮

传动中，蜗杆传动的传动比通常为 8～80。

2）传动平稳，噪声较小。

3）当蜗杆的导程角小于啮合面间的当量摩擦角时可以自锁。

图 3-11　蜗杆传动

（2）缺点：

1）传动效率较低。

2）蜗轮齿圈常需用价格较贵的青铜制造。

对于一般动力传动，蜗杆传动常用的精度等级是 7 级精度（适用于蜗杆圆周速度小于 7.5m/s）、8 级精度（小于 3m/s）和 9 级精度（小于 1.5m/s）。

2. 蜗杆传动的分类

（1）按蜗杆形状，蜗杆传动可分为：圆柱蜗杆传动、环面蜗杆传动和锥蜗杆传动。目前最为常用的是圆柱蜗杆传动。

（2）根据蜗杆螺旋面的形状不同，圆柱蜗杆又可分为：阿基米德蜗杆、渐开线蜗杆等。平面内蜗杆的齿形为侧边呈直线的齿条，而在垂直于蜗杆轴线的截面内为阿基米德螺旋线。

3. 蜗杆传动的应用　蜗杆传动常被用于两轴交错、传动比大、传动功率不大或间歇工作的场合。

3.1.4　一般机械装配图及零件图的测绘方法

3.1.4.1　零件图

1. 零件图的定义和内容　机器是由零件装配而成的，制造零件所依据的图样为零件图，它由三方面内容组成。

（1）一组视图，用以表达零件的形状。

（2）足够的合理的尺寸，用以注明零件的大小。

（3）必要的技术要求，用数字、符号或文字标出制造和检验所需的技术要求，如表面粗糙度、尺寸精度、热处理规范等。此外，还应在标题栏中列出零件的名称、材料、数量、作图比例等。

2. 零件的测绘　零件的测绘是依据实际零件测量尺寸，画出图形并记录其技术要求，为设计机器零件和备件创造条件。

（1）画零件草图（徒手图）的方法与步骤。在零件的测绘工作中要画好零件草图，其画法如下：

1）直线的画法。画直线时肘部不宜接触纸面，否则直线不易画直。垂直线可自上而下画；水平线要从左到右画。短线用手腕动作，长线用手臂动作。倾斜线一般不太好画，画图时可以转动图纸，使要画的直线正好是顺手方向。

2）圆的画法。画小圆时应先画出两条互相垂直的中心线，在中心线上找四段半径的端点，过端点作正方形，再作出正方形的内切圆即可。

3）圆角、椭圆及各种曲线连接的方法。可尽量选用正方形、菱形内切的方法。对复杂平面轮廓的形状，可将零件平铺在图纸上，用手按图纸的背面得出拓印或用铅笔沿轮廓画线。

（2）画零件草图前的准备工作。在着手画零件草图前，应对零件进行详细分析。分析内容为：

1）了解零件的名称、作用和用途。

2）鉴定制作零件的材料。

3）对零件进行结构分析。

4）对零件进行工艺分析，主要分析零件的制造方法。

5）拟定零件的表达方案，确定哪个方向为主视图，需要多少个视图和用哪些方法来表达。

（3）徒手画零件的步骤。应在经过分析后再画图。具体步骤为：

1）在图纸上确定出各个视图的位置，并在各个视图上画出基准线、局部的中心线。各视图间应预留标注尺寸的空间位置，可在右下角画出标题栏。

2）详细画出零件的外部及内部的结构。

3）注出零件各表面粗糙度，选择基准线和画出尺寸线、尺寸界线及箭头，经过仔细校核后，将全部轮廓线描粗，并画出剖面线。

4）测量尺寸，确定出技术要求，将相关尺寸数字、技术要求记入图样中。

3.1.4.2　装配图

表达机器和部件装配关系的图样，称为装配图。

1. 装配图的作用　装配图是表达机器和部件的结构、工作原理、零件之间的装配关系的图样。因此，在生产实践中，设计、制造、使用、维修机器和部件都需要装配图。在产品设计中，一般先画出机器和部件的装配图，然后依据装配图画零件图；在产品制造中，根据装配图装配、调整和检验机器和部件；在使用和维修机器时，也往往需要通过装配图来了解机器的构造。装配图是生产中的重要技术文件之一。

一张完整的装配图应具有以下内容：

（1）一组视图。

（2）必要的尺寸。

（3）技术要求。

（4）零件序号、明细表、标题栏。

2. 装配图中的规定画法 视图、剖视图、断面图等各种表达方法，都适用于装配图。在装配图的视图中，广泛采用各种表达方法，装配图表示的是机器（或部件）装配关系的图样。机器或部件是由一些零件组成，所以装配图中除用视图、剖视图和断面图等表达方式外，还有下述的一些画法：

（1）规定画法。

（2）特殊画法。

（3）简化和夸大画法。

1）相邻零件的接触面或配合面的画法。

2）剖面线的画法。

3）紧固件以及轴、连杆、手柄、键、销等实心零件的画法。

3. 装配图视图的选择 装配图是用一组视图表达部件（或机器）的工作原理和形状结构、零件之间的装配和连接关系。因此，选择视图表达方案之前，先仔细了解和分析部件（或机器）的工作原理和形状结构等。选择视图时，首先选择主视图，然后配合主视图再选择其他视图。

（1）主视图的选择。装配图的主视图，以表达部件（或机器）信息量最多的那个视图作为主视图，即

1）主视图最能反映部件（或机器）的工作原理和结构特征。

2）主视图能较多地反映部件零件之间的装配和连接关系。

3）主视图应按部件的工作位置放置。当工作位置倾斜时，应使部件的主要安装面处于特殊位置。

（2）其他视图的选择。装配图要求完整、清晰地表达部件（或机器）的工作原理、零件之间的装配和连接关系，以及零件的主要结构形状。所以，在主视图选择之后，还需要选择其他视图和画法，补充表达部件（或机器）尚未表达清楚之处。

4. 装配图中的尺寸 装配图和零件图的作用不同，对尺寸标注的要求也不同。在装配图中，只需标注下列几种尺寸：

（1）性能、规格尺寸。

（2）装配尺寸。

（3）安装尺寸。

（4）总体尺寸。

（5）其他重要尺寸。

其中，装配尺寸是表明部件（或机器）中各零件间的装配和连接要求的尺寸。

5. 画装配图的步骤

（1）定比例，选图幅。

（2）画图框以及标题栏和明细栏外框。

（3）布置视图。画出各视图的主要轴线、对称中心线或其他作图基准线（某些零件的主要平面或端面）。视图布置在中间，四周预留编写零件序号以及注写尺寸和技术要求的位置。

（4）画图形底稿。画图顺序可由主视图开始，几个视图配合进行，也可以先画某一个视图，再画其他视图。画某个视图时一般先画较大的基体，由外往里画出各个零件的主要结构形状，再画次要结构形状。采用这种画法时设计者应对整体布局有胸有成竹的感觉。但也可以由内向外逐个画出各个零件，按装配顺序向四周扩展，特别是画剖视图时可减少画不可见的轮廓线。选用哪种画图顺序应根据具体作图而定。

（5）校核、加深。

（6）画剖面线，标尺寸，编序号，填写明细栏和技术要求。

（7）再经校核并填写标题栏。

3.1.5　润滑基本理论、识别润滑油的种类及质量

3.1.5.1　润滑基本理论

润滑是指在相对运动的两个接触表面之间加入润滑剂，从而使两个接触表面间的摩擦转化为润滑剂分子间的内摩擦，达到减少摩擦、降低磨损、延长机械设备使用寿命的目的。

润滑油的作用在于：

（1）降低摩擦。在摩擦面间加入润滑剂能使摩擦系数降低，从而减少摩擦阻力，节约能源消耗。

（2）减少磨损。润滑剂在摩擦表面上可以减少磨粒磨损和表面疲劳粘着摩擦损耗时所造成的损害。

（3）冷却作用。润滑剂可以吸热、传热和散热，因而降低摩擦热造成的温度上升。

（4）防锈作用。在摩擦表面上有润滑剂存在就可以防止空气、水滴、水蒸气、腐蚀性气体及液体、尘埃等引起的锈蚀。

（5）传递动力。在许多情况下，润滑剂具有传递动力的功能，如液压传动等。

（6）密封作用。润滑剂对某些外露部件形成密封，能防止水分和杂质侵入。

（7）减振作用。在受到冲击载荷时，可以吸收冲击能，如汽车减振器等。

3.1.5.2　润滑油的种类

目前，所有的成品油是以基础油和添加剂组成的。基础油有矿物油和合成型两大类。添加剂的种类很多，主要类型有清净剂、分散剂、抗氧化腐蚀剂、抗磨剂、油性剂、抗氧剂、粘度指数改进剂、降凝剂、抗泡剂等。

3.1.5.3　评定润滑油质量性能的方式和内容

1. 评定润滑油质量性能的项目　大体分为理化性能实验、模拟实验和台架实验三类。

（1）理化性能实验包括：密度、颜色、粘度、粘度指数、倾点、闪点、酸值、水溶性酸碱总碱值、机械杂质、水分、灰分和硫酸盐灰分、残炭值。

（2）模拟实验包括：低温特性（表观粘度、低温发送、成沟点等）、耐腐蚀性、耐锈蚀性、抗泡性、气体释放性、抗乳化性、热安定性、剪切安定性、水解安定性、橡胶密封性、抗极压性等。

（3）台架实验包括：汽油机台架实验、柴油机台架实验、齿轮油机台架实验等。

2. 粘度的表示方法及粘度级别的划分

（1）液体受外力作用移动时，其分子之间产生摩擦阻力的量度，叫做粘度。摩擦阻力越大，粘度越大，摩擦阻力越小，粘度越小。

（2）粘度一般有 5 种表示方法，即动力粘度、运动粘度、恩氏粘度、雷氏粘度和赛氏粘度。现在国际通用的是运动粘度。运动粘度是液体在重力作用下流动时内摩擦力的量度。其法定计量单位是 m^2/s。国家标准《内燃机油粘度分类》（GB/T 14906—1994）把内燃机油的粘度分为 11 个级别，其中包含 6 个含 W 的低温粘度级号 0W、5W、10W、15W、20W、25W，5 个不含 W 的 100℃ 运动粘度级号 20、30、40、50、60。只标有一个粘度级号或虽标有两个粘度级号，但其差小于 15 的叫单级油，常见的有 30、40、50；既含有 W 低温粘度级号，又含有 100℃ 运动粘度级号的叫多级油，常见的 15W/40、10W/30、20W/50。

（3）粘度指数性能：油品粘度随温度变化的程度与标准油粘度随温度变化的过程相比较的相对值是粘度指数。粘度指数越高表示油品受温度的影响越小，其粘度性能越好。粘度指数只能表示润滑油从常温到 100℃ 之间粘温曲线的平缓度，不一定能说明油品在更低温下的粘度特征。

3. 评定润滑油质量性能的主要指标

（1）倾点、凝点的性能：倾点是指油品在规定的实验条件下，被冷却的试样能够流动的最低温度。凝点是指油品在规定的实验条件下，被冷却的试样油面不再流动时的最低温度。它们的单位都以 ℃ 表示。两者都是用来衡量润滑油低温流动性的常规指标。同一油品的倾点比凝点略高一些，过去常用凝点而现在国际通用倾点。若倾点或凝点偏高，则油品的低温流动性就差。人们可以用它们来评估某些油品低温使用性能。

（2）闪点的应用：闪点是表示石油产品蒸发倾向和安全性质的，油品的危险等级是根据闪点划分的。闪点在 45℃ 以上的叫可燃品，内燃机油闪点指标应大于 200℃。在储存使用中禁止将油品加热到它的闪点，加热的最高温度一般应低于闪点 20~30℃。

（3）酸值的影响：1g 油中酸性物质所需要氢氧化钾的毫克数叫酸值。现在成品润滑油中都含有添加剂，而添加剂有的呈酸性，有的呈碱性，所以测定油品的酸值应在注入添加剂前进行，测定使用中油品的酸值，可以了解油品质量的变化情况，作为更换新油参数。酸值过大，说明油品氧化变质严重，应考虑换油。油品的酸值变化，还可以表示油品中碱性添加剂（如清净剂）的消耗和油品性能的下降情况，但是不能以此确切预示油品的使用性能。

（4）机械杂质的影响：机械杂质是指油品被外界污染的物质，主要有油泥、泥沙、灰尘、铁锈、金属屑、纤维等。它们大多数是在储运、保管和使用过程中混入的。这些杂质混入油中容易发生堵塞，管道数量较多时会造成机件磨损，因此在储运和使用中要特别注意，使用时最好要经过过滤。一般来说，要把润滑油机械杂质控制在 0.005% 以下（小于 0.005% 被认为无影响）。

（5）润滑油中的水分对油品质量的影响：水分是指油品中的含水量，用百分数表示。在油品中大多数品种只允许水分的质量分数小于 0.03%，还有部分油品不允许有水分，因为水可以使润滑油乳化，使添加剂分解，促进油品的氧化及增强低分子有机酸对机械的腐蚀，影响油品低温流动性。对变压器油来说，极微量的水就会严重影响其绝缘性能。油品中水分的来源，主要是容器密封不严而进入的明水或由于容器呼吸进入的凝析水，也有运输设备、储存容器不洁所造成。

（6）腐蚀试验：腐蚀试验是指在规定条件下，测定油品中酸、碱对金属的腐蚀作用，判断润滑油中是否含有能腐蚀金属的物质。液压油、齿轮油的腐蚀试验，采用铜片作为试片，根据铜片的变色情况来判断试验内燃机油的腐蚀性能。

（7）抗泡性：抗泡性是表示油品通入空气或搅拌时发泡体积的大小，以及消泡的快慢等性能。在石油产品技术标准中抗泡性分别在 24℃ ± 0.5℃、93℃ ± 0.5℃ 按 GB/12579—2002 中的方法测定，泡沫稳定性用毫升数来表示，其值越小润滑油的抗泡性越好。循环系统和溅散条件下工作的润滑油，如因搅拌或混入空气而产生大量泡沫时，会严重影响供油，使摩擦面不能形成完整的油膜，并造成磨损，因而要求润滑油具有生成泡沫的倾向小、泡沫形成后消失快的特性。

（8）抗乳化性：汽轮机油、液压油、齿轮油等工业用油在使用中不可避免地要接触或混入一些水分，若油品抗乳化性不好，将与水形成乳化液，使水不易从油箱底放出，乳化液进入润滑油系统会影响设备安全运行，甚至损坏设备，因此在生产过程中要注意所用添加剂和抗乳化性的关系，在使用、保管、运输过程中避免受到污染，以确保油品的抗乳化性不受其他物质的干扰。

（9）氧化安定性：石油产品抵抗大气（或氧气）的作用而保持其性质不发生永久性变化的能力叫氧化安定性。油品在储存和使用过程中和空气接触而氧化是不可避免的，接触的时间越长，温度越高，氧化的程度就越深，使油品的某些性质发生不可逆转的变化，如酸值增高、粘度增大、沉淀物增多、颜色变深等。这些变化大大缩短了油品的使用寿命，油品的氧化安定性和所用基础油的性质、精制深度、添加剂的特性及质量配合性、调制工艺有着十分密切的关系。

3.1.5.4 润滑油的正确使用

1. 油品储存

（1）油桶不可直立放于露天环境中，以防止水分及杂物的入侵污染。

（2）室内储存的可立放，且桶面朝上，以方便抽取。

（3）拧紧封口盖，保持油桶密封性能。

（4）保持桶身、面的清洁，标识清晰。

（5）保持地面清洁，便于漏油时能够及时发现。

（6）做好入库登记，遵循先到先用原则。

（7）频繁抽取的油品，应放置在油桶架上，用开关控制流量。

（8）新油与废油要分开放置，装过废油的容器不可装新油，以防污染。

2. 油品安全

（1）油品独立存放，周围不得放置可燃品。

（2）严禁烟火，不得携带火种进入油库。

（3）配备不少于两个灭火器。

（4）擦拭机械后的油布或清除掉的油污不得堆积，以免助燃。

（5）易燃的特种油品或化学溶剂要分开储存并放置易燃品标志。

3. 使用注意事项

（1）使用适当规格的润滑剂，尽量减少用油种类。

（2）每种机械应以简单图样指示出需要加油的部位、油品名称、加油周期等，并由专人负责，避免用错油品。

（3）每次加油前，必须清洁、擦拭油桶、油壶等容器和工具。

（4）使用专用容器，且在容器上注明盛载油品的名称，以防污染。

（5）换油前必须将机械用溶剂冲洗干净，切不可用水溶性清洗剂。

（6）每次添加或更换润滑油后，做好机械保养记录。

（7）发现油品异常或已到换油周期，应抽样交由专业公司化验检定。

4. 环保和健康

（1）严禁将废油直接排入水沟和倒入土壤中，以防污染环境。

（2）废油、废液要用专桶收集，再交由经政府许可的回收商回收，切不可乱倒。

（3）皮肤过敏者或擦伤者，应避免直接接触润滑油。

（4）切勿穿着油迹渗透的衣物，不可将被油污染的碎布置入袋中。

（5）不可用污浊碎布抹去皮肤上的油迹，以防碎布中藏有的金属碎屑擦伤皮肤而引发感染。

3.1.6 一般金属材料的焊接技术和安全知识

3.1.6.1 一般金属材料的焊接技术

金属材料电弧焊是利用电弧放电时产生的热量熔化焊条及焊件，从而获得牢固接头的焊接过程。焊件为一电极，焊条为另一极。焊条电弧焊的应用最广，无论细小的零件或是庞大笨重的构件，都适用。

焊件与焊条在两电极之间的气体介质中持久有力地放电时，一方面产生高热（6000℃左右），同时产生强光，两者在工业上都得到应用。电弧的高热，可用以进行电弧焊接、切割以及电弧炼钢。

产生焊接电弧的操作称为引弧。引弧有非接触引弧和接触引弧两种方式。非接触引弧是焊条与工件相互接近，当距离为1mm时，在大约1000V的电压作用下，击穿空气介质产生电弧。由于电压高，对焊件安全不利，所以焊条电弧焊通常采用的引弧方法是接触引弧，即先将焊条与工件接触（电流通过接触点时产生很大电阻热），然后迅速分离并保持相当于焊条直径的距离，此时在高温和电场发射电子等的作用下，促使两极间的气体发生剧烈电离，而形成电弧。

为使电弧在焊条与焊件之间保持连续稳定，必须在两电极间保持一定的电压，一般为16～35V，这个电压称为工作电压。

电弧各部分所产生的热量是不同的，弧柱中心的最高温度可达5000～6000℃，两极的温度可达3500～4200℃。一般情况下，焊接电流越大，弧柱温度越高。但弧柱周围的温度要低得多，所以弧柱放出的热量仅为电弧总热量的20%。金属极电弧的电弧温度发布，由不同电极材料的性质和所选用的焊接电流大小等因素决定。

使用交流电焊接时，由于极性是交替变化的，因此焊条与焊件上的温度和热量分布基本相同。

电弧燃烧时的温度高，会产生强烈的紫外线和红外线辐射，会伤害操作人员的眼睛和皮肤，必须采取保护措施。

3.1.6.2 电焊作业中的安全知识

（1）防止触电，电焊机外壳与电源都要有可靠的接地。电源开关要有绝缘良好的手把，开关熔丝应符合规定，不许用铜丝代替。

（2）焊工操作时应穿绝缘鞋和干燥的工作服，戴绝缘手套和电焊面罩，不允许穿铁钉皮鞋或布底鞋。

（3）电焊机在负载时，不能调节电流或切断电源，以免损坏绝缘和烧坏电焊机。

（4）电焊机不能在最大负荷下长期使用，应间断作业，并经常检查其发热情况。可用冷风吹电焊机降温，但风中不能有水分。电焊机应放置在干燥、通风的地方，露天放置时应有防止日晒雨淋的措施。

（5）防止弧光射线。

1）电焊引弧，发出强烈弧光，其中红外线和紫外线对人体皮肤、眼睛有强烈的刺激作用，会引起电光性眼炎或皮肤脱落。因此，焊接时严禁直视电弧，注意保护眼睛。

2）焊接工作地点要用挡板与周围隔开，焊接人员应站在上风，观察电弧不宜过近。

（6）防止燃烧和爆炸。

1）离焊接地点5m内不准放易燃易爆物品。

2）在容易引起火灾的地方进行电焊工作时，必须经过所在单位安全部门及有关消防部门的批准，并取得允许动火批准书。施工前应采取防火措施。施工过程由安全部门专人值班，施工后应仔细检查现场，消除火苗隐患。

3）电焊、气焊在同一处工作时，乙炔发生器（或乙炔瓶）应放置在离工作地点10m以外的地方。

4）焊接后的零件及焊条头不能乱扔，要妥善管理，以免发生火灾。

（7）防止工伤事故。

1）消除焊渣时，要戴平光眼镜，以防止被焊渣击伤。

2）热焊件应妥善处理，不使其与地面上的电缆或木屑等相接触，切勿用手去触摸发热的焊件，以防止烫伤。

3.2 常用机械知识实训

实训1 识读机械装配图

一、实训目的

识读装配图的目的是为了了解装配机械或部件的规格、性能、功用和工作原理，了解其组成零件的相互位置、装配关系及传动路线，了解每个零件的作用及主要零件的结构和形状。

二、实训步骤

1）弄清表达方法，进行概括了解。

先通读标题栏、明细表、产品说明书等有关技术资料，了解装配组件的名称规格、性能功用、形状尺寸、技术要求，建立起基本的感性认识；然后，对装配图表达方法进行分析，弄清各视图的名称、表达方法及相互间关系。

2）进行形体结构分析。

① 分析装配体的工作原理。

② 分析装配体的装配连接关系。

③ 分析装配体的结构组成情况及润滑、密封情况。

④ 分析零件的结构形状。

要对照视图，将零件逐一从复杂的装配关系中分离出来，想出其结构形状。分离时，可按零件的序号顺序进行，以免遗漏。标准件、常用件往往一目了然，比较容易看懂。轴套类、轮盘类和其他简单零件一般通过一个或两个视图就能看懂。对于一些比较复杂的零件，应根据零件序号指引线所指部位，分析出该零件在该视图中的范围及外形，然后对照投影关系，找出该零件在其他视图中的位置及外形，并进行综合分析，想出该零件的结构形状。

在分离零件时，利用剖视图中剖面线的方向或间隔的不同及零件间互相遮挡时的可见性规律来区分零件是十分有效的。

对照投影关系时，借助三角板、分规等工具，往往能大大提高识图的速度和准确性。

对于运动零件的运动情况，可按传动路线逐一进行分析，分析其运动方向、传动关系及运动范围。

3）归纳总结。

看懂装配图所表示的全部意义，能结合装配图来说明该部件的传动路线、拆装顺序，以及安装使用中应注意的问题。归纳总结，一般可按以下几个主要问题进行：

① 装配体的功能是什么？其功能是怎样实现的？在工作状态下，装配体中各零件起什么作用？运动零件之间是如何协调运动的？

② 装配体的装配关系、连接方式是怎样的？有无润滑、密封及其实现方式如何？

③ 装配体的拆卸及装配顺序如何？

④ 装配体如何使用？使用时应注意什么？

上述读装配图的方法和步骤仅是一个概括性的说明。实际读图时几个步骤往往是平行或交叉进行的。因此，读图时应根据具体情况和需要灵活运用这些方法。只有通过反复读图实践，才能逐渐掌握其中的规律，进而提高识读装配图的速度和能力。

实训 2　限速器的拆装

在对电梯设备进行维修操作时，应穿戴好工作服、安全帽和防护用品，检查好要使用的工具，清理好工作现场，操作时要正确使用工具，确保操作安全。

一、实训目的

1）能够进行维修资料的收集、分析，并准备专用工具、材料。

2）熟练掌握基本维修工具的使用。

3）学会限速器的拆卸、装配与调整。

二、实训准备

本实训中要准备好在用实物电梯、螺钉旋具、呆扳手、活扳手、梅花扳手、套筒扳手、木锤、线锤、卷尺、直角尺、塞尺、弹簧秤、转速表等。

三、实训步骤

现以在用电梯广泛使用的刚性夹持限速器为例，介绍其分解操作方法。

（1）拆卸

1）停梯后断开总电源，在底坑抬起张紧砣架，在固定板销钉孔中插入销钉（或将砣架垫起），使上扬的转臂不能复位，限速钢丝绳脱出张紧轮槽。

2）对限速器外部进行清洁，拔下限速器心轴两侧的销钉，取出心轴，取下拨叉，摘下限速绳。

3）松开轮轴上的紧定螺钉，将轮轴抽出，制动圆盘和限速器即可一同从座架上被拆下。

4）取下制动圆盘，露出内部结构。清扫圆盘及限速器的棘爪、棘齿、连杆、离心重块等。锈蚀不灵活的零部件应进行清洗，对各转动部位应加注润滑油，注意不要动可调节压缩弹簧及其封铅。

（2）装配

1）清洗绳钳上的油污，清洗拆下来的轮轴及其油线并抹适量油，以利装配。

2）按与上述拆卸相反的顺序装好限速器。在限速器钢丝绳未张紧之前，用手转动限速轮，使其按逆时针方向（即轿厢上行时转动的方向）旋转，应转动灵活无卡阻现象。而顺时针（轿厢下行时转动方向）快速旋转时，应能带动偏心拨叉动作。

3）限速器油杯内要注满钙基润滑脂。

4）撤下底坑内张紧装置支撑物，使限速钢丝绳张紧。

5）送电后以慢速试车运行，观察限速器及张紧装置，正常后方可投入运行。

实训3　安全钳的拆装

一、实训目的

1）能够进行维修资料的收集、分析，并准备专用工具、材料。

2）熟练掌握基本维修工具的使用。

3）学会安全钳的拆卸、装配与调整。

二、实训准备

本实训中要准备好在用实物电梯、螺钉旋具、呆扳手、活扳手、梅花扳手、套筒扳手、木锤、线锤、卷尺、直角尺、塞尺、弹簧秤、转速表等。

三、实训步骤

1）将轿厢停在首层位置，以利于出入轿顶和底坑。断开总电源开关、坑底停止开关。

2）如果导靴距安全钳座很近，妨碍拆卸安全钳楔块及拉杆，则应先拆下导靴，露出安全钳。否则，打开楔块盖板即可露出楔块与垂直拉杆的连接部位。

3）轿顶一人、底坑一人协同操作。在底坑将楔块往上托起，使垂直拉杆顶端上的螺母不受力。从轿顶上将垂直拉杆上的两个螺母拧下，再将螺母下的垫圈取下。在底坑内把托起的楔块慢慢往下放，使垂直拉杆往下移到脱开叉架，在轿顶取下垂直拉杆上的压簧。

4）在底坑将楔块和垂直拉杆（如果有防晃器应拆下）一同从轿厢侧面下方取出来，也可拆下楔块，将拉杆从轿顶抽出。

5）用同样的方法将其他安全钳楔块及拉杆取出来，并检查楔块与拉杆连接是否牢固，若有防晃器应检查有无损坏，对安全钳座和拆下的机件清洗擦拭。

6）按与拆卸时相反的顺序装好楔块、防护网、垂直拉杆，用垂直拉杆上的螺母调节楔块间隙，间隙大小按生产厂家规定或依据实际情况加以确定，国家标准对此不做要求，只原则性地规定安全钳动作后，轿厢无载时地板倾斜度不大于正常位置的5%，楔块上下滑动灵活，间隙一般调在2~3mm。

实训 4　电梯安装中的起重作业

一、实训目的

1）起重作业工具。

2）熟练起重作业方法。

二、实训准备

本实训中要准备好手拉葫芦、钢丝绳、钢丝绳轧头、承重钢管等。

三、实训步骤

1）所使用的起重吊装工具及相关设备，应经过严格的检查，待确认完好后方可使用。在吊装前必须充分估计被吊装工件的重量，选用相应的起重吊装工具或设备。

2）起重吊装前应准确选定吊挂手拉葫芦的位置，使其能安全承受吊装的最大负荷。吊装时施工人员应站在安全位置进行操作，拉动葫芦时不准硬拉，如无法拉动，必须查明原因。

3）井道和施工场地的吊装区域下面或底坑内不得有人。

4）起吊轿厢时，应该用强度足够的保险钢丝绳将起吊后的轿厢进行保险，确认安全后，方可放松链条葫芦。在起吊有补偿绳及衬轮的轿厢时，不能超过补偿绳和衬轮的允许高度（必要时应先卸去补偿绳后才能起吊轿厢。

5）钢丝绳轧头的规格必须与钢丝绳匹配，轧头压板应装在钢丝绳受力一边。在应使用直径在 16mm 以下的钢丝绳时，使用轧头的数量应不小于 3 只。被轧绳的长度不少于钢丝绳直径的 15 倍，但最短不少于 300mm。每个轧头间距应大于 $6d$（d 为钢丝绳直径）。同时只准将两个相同规格的钢丝绳用轧头轧住，严禁将三根或不同规格的钢丝绳用轧头轧在一起。

6）吊装机器，应使机器底座处于水平位置且平稳起吊。抬、扛重物时应注意用力方向及用力一致，防止滑杠后脱手伤人。

7）支撑对重时，应选用直径较大的钢管或较大规格的不变质的木材。操作时支撑要垫稳，不能歪斜，并要采取保险措施。

8）放置对重块时，应该用手拉链条葫芦等设备吊装。当用手搬装时，应二人共同配合，防止对重块坠落伤人。

9）拆除废旧电梯时，严禁首先拆卸限速器。有条件的应首先搭设脚手架。如无脚手架，必须有可靠的安全措施，并应注意相互配合。

10）电梯安装工在起重、吊装设备材料时，必须严格遵守高空作业和起重工的有关安全操作规定。

四、实训要求

1）起重作业人员班前、班中严禁饮酒。起重作业人员操作时必须精神饱满、精力集中，操作时不准吃东西、不准看书报、不准打瞌睡、不准开玩笑等。

2）起重作业人员交接班时，应进行例行检查，若发现装置和零件不正常时，必须在操作前加以排除。

3）起重停止作业时，应将重物稳妥地放置在地面上。

4）多人挂钩操作时，驾驶人员应服从预先确定的指挥人员的指挥。吊运过程中发生紧急情况时，任何人都可以发出停止作业的信号，驾驶人员应紧急停车。

5）起重机起吊重物时，一定要进行试吊，试吊高度应不大于0.5m，经试吊发现无危险时方可进行起吊。

6）在任何情况下，吊运重物下方不准有人。

7）在吊运过程中，重物一般距离地面0.5m以上。

实训5　焊条电弧焊操作

一、实训目的

1）熟悉焊条电弧焊焊接工具。

2）熟练掌握焊条电弧焊焊接工艺。

二、实训准备

在本实训中应准备好电焊机、30mm×30mm×8mm钢板、焊条、焊接面罩、焊接手套等。

三、实训步骤

（1）引弧　引弧的方法有两种，即"碰击法"和"擦划法"。所谓碰击法，就是焊条垂直地碰击工件后迅速将焊条提起约3～5mm，便产生电弧。而擦划法就是将焊条像划火柴一样擦过工件表面，随即将焊条提起3～5mm，便产生电弧。焊接时选择哪一种方法可根据具体情况加以确定。如在狭窄处焊接或工件表面不允许损伤时（如不锈钢和某些受压容器的焊接等），一般用碰击法。

（2）运条　运条时，存在三个基本动作，即焊条送进、沿焊接方向前进和横向摆动。

焊条送进时应保持一定的电弧长度，否则会影响熔深和熔宽，甚至会造成断弧或焊条粘住工件等现象。

（3）收弧　收弧动作不适当，有可能会在焊缝的收尾处形成低于基本的弧坑（火坑）。这时将削弱焊接强度，容易出现裂缝，碱性焊条更易产生气孔。

常用的收弧方法有：电弧在收尾处作圆弧运动，待填满弧坑后再拉断电弧，此法对薄板有烧穿的危险；焊缝收尾时，在较短的时间内反复点燃和熄弧数次，直至填满弧坑。

焊接重要结构时，一般不能使用上述的焊缝收尾方法。

（4）焊缝的连接　采用焊条电弧焊时，常出现焊缝前后两端的连接问题。如何使两端焊缝均匀连接，避免产生连接接头过高、脱节和宽窄不一致的缺陷，这就要求焊接时选择适当的连接方法，以达到良好的焊缝连接，否则不仅影响焊缝外观，而且也影响到焊接接头质量。

四、实训要点

焊缝根据所在的空间位置不同，可以分为平焊缝、立焊缝、横焊缝和仰焊缝4种。

（1）平焊缝　处于水平位置或倾斜不大的位置的焊缝叫平焊缝。平焊时，金属熔滴依靠本身的重量自然落入熔池，熔渣和铁液不发生流散，因此容易控制焊缝成形和保证焊接质量，允许采用直径较大的焊条和较大的电流，生产率高，操作容易。

（2）立焊缝　立焊缝是指在垂直面上焊接的垂直方向的焊缝。立焊有两种方法：一种是由下而上焊接，另一种是由上向下焊接。后者可以采用较大的焊接电流，因此，可以提高生产率，但必须采用专用焊条，才能保证焊缝的成形，且一般只用于薄板的焊接。

（3）横焊缝　横焊缝是指在垂直面上焊接的水平位置或近于水平位置的焊缝。

（4）仰焊缝　仰焊缝是焊条位于工作位置的下方，焊工需要仰视工件而进行的焊接得到的焊缝。仰焊时，由于重力的作用，不利于熔滴向熔池过渡，而且在运条方面也是比较困难的。

实训6　烙铁钎焊操作

一、实训目的
1）熟悉烙铁钎焊所需工具。
2）熟练掌握烙铁钎焊操作工艺。

二、焊接方法
手工焊接是传统的焊接方法，虽然批量电子产品生产已较少采用手工焊接了，但对电子产品的维修、调试中不可避免地还会用到手工焊接。焊接质量的好坏也直接影响到维修效果。手工焊接是一项实践性很强的技能，在了解一般方法后，要多练，多实践，才能有较好的焊接质量。

手工焊接时使用电烙铁的方法，有正握、反握及握笔式三种。焊接元器件及维修电路板时以握笔式较为方便。

三、实训准备
实训中要准备好电烙铁、万能板、焊锡丝、导线等。

四、实训步骤
（1）准备焊接　清洁被焊元器件处的积尘及油污，再将被焊元器件周围的元器件左右掰一掰，让电烙铁头可以触到被焊元器件的焊锡处，以免电烙铁头伸向焊接处时烫坏其他元器件。焊接新的元器件时，应对元器件的引线进行镀锡处理。

（2）加热焊接　将沾有少许焊锡和松香的电烙铁头接触被焊元器件约几秒钟。若是要拆下印制电路板上的元器件，则待电烙铁头加热后，用手或镊子轻轻拉动元器件，看是否可以取下。

（3）清理焊接面　若所焊部位焊锡过多，可将电烙铁头上的焊锡甩掉（注意不要烫伤皮肤，也不要甩到印制电路板上），用光的电烙铁头"蘸"些焊锡出来。若焊点焊锡过少且不圆滑时，可以用电烙铁头"蘸"些焊锡对焊。

五、实训分析
造成焊接质量不高的常见原因如下：

1）焊锡用量过多，形成焊点的锡堆积；焊锡过少，不足以包裹焊点。

2）冷焊。焊接时电烙铁的温度过低或加热时间不足，焊锡未完全熔化、浸润，致使焊锡表面不光亮（不光滑），有细小裂纹。

3）夹松香焊接，焊锡与元器件或印制电路板之间夹杂着一层松香，造成电连接不良。若夹杂加热不足的松香，则焊点下有一层黄褐色松香膜；若加热温度太高，则焊点下有一层炭化松香的黑色膜。对于有加热不足的松香膜的情况，可以用电烙铁进行补焊。对于已形成黑膜的，则要"吃"净焊锡，清洁被焊元器件或印制电路板表面，重新进行焊接才行。

4）焊锡连桥。指焊锡量过多，造成元器件的焊点之间短路。这在对超小元器件及细小印制电路板进行焊接时要尤为注意。

5）焊剂过量，焊点周围松香残渣很多。当有少量松香残留时，可以用电烙铁再轻轻加热一下，计松香挥发掉，也可以用蘸有无水酒精的棉球，擦去多余的松香或焊剂。

6）焊点表面的焊锡形成尖锐的突尖。

实训7　火焰钎焊操作

一、实训目的

1）正确掌握焊接火焰调节操作及使用。

2）正确掌握焊接工艺及使用。

二、实训准备

实训中要准备好氧气瓶、乙炔气瓶、焊枪、减压阀、胶管、防回火器、高压阀、钎料、胶钳、打火机、锉刀、台虎钳、水。

三、实训方法

1）了解火焰钎焊设备的使用。

2）开瓶：先打开氧气气瓶的阀门，后打开乙炔气瓶的阀门。

3）关瓶：先关闭乙炔气瓶，后关闭氧气气瓶。

4）操作时应根据被焊材质决定调节的火焰：碳化焰、中性焰或氧化焰。

① 碳化焰。氧气与乙炔的体积之比小于1时（即乙炔含量大于氧气），其火焰为碳化焰。碳化焰分为三层，焰心呈白色，焰心外围带天蓝色，内焰接近白色，外焰为橙黄色。碳化焰的温度在2700℃左右，适用钎焊铜管与钢管。

② 中性焰。氧气与乙炔的体积之比为1~1.2时，其火焰为中性焰。中性焰也分为三层，焰心呈尖锥形，色白而明亮，内焰为蓝白色。中性焰的温度在3100℃左右，适用钎焊铜管与铜管、钢管与钢管。

③ 氧化焰。氧气与乙炔的体积之比大于1.2时，其火焰为氧化焰。氧化焰只有两层，焰心短而尖，呈青白色，外焰也较短，稍带紫色。氧化焰的温度在3500℃左右。氧化焰由于氧气的含量较多，氧化性很强，会造成焊件熔化，钎焊处会产生气孔、夹渣，不适用于铜管与铜管、铜管与钢管的钎焊。

5）火焰调节过程：

① 由大至小：中性焰（大）→减少氧气→出现羽状焰→减少乙炔→调为中性焰（小）。

② 由小至大：中性焰（小）→增加乙炔→羽状焰要大→增加氧气→调为中性焰（大）。

6）掌握插管焊接的深度与间隙（见表3-2）。

表3-2　插管焊接的深度与间隙

管径/mm	10以下	10~20	20以上	25~35
间隙/mm	0.06~0.10	0.06~0.20	0.06~0.26	0.06~0.56
深度/mm	6~10	10~15	15以上	25以上

7）掌握焊接操作过程中的三个要点：火焰的位置、火焰火力分配、火焰移动方式。

四、安全事项

1）检查高压气体钢瓶、高压阀、减压阀连接胶管，以及焊枪是否完好。

2）氧气瓶一般的容积为 40L，标准压力为 14.7MPa，一般安全工作压力为 0.5MPa 左右。

3）乙炔气瓶最高工作压力为 2MPa，一般安全工作压力为 0.05MPa。

4）氧气瓶与乙炔气瓶内的气体不允许全部用光，气压至少分别要保留 0.2～0.5MPa 和 0.02～0.04 MPa。

5）对于高压气体钢瓶的喷口不得朝向人体，高压阀、减压阀连接胶管以及焊枪周围不得有油污。

6）气瓶不得靠近热源，也不应置于阳光下曝晒，应放在阴凉通风的地方。

7）不准用带油的布擦拭气瓶、压力调节阀及焊枪。

8）焊枪及焊嘴不得放在有泥沙的地上，以免堵塞。

9）易燃易爆物品应远离焊接现场，以免发生意外。

10）点火时，要选取正确方向，以防止火焰吹向气瓶胶管、配电装置及其他可燃物。

11）操作人员必须带上防护眼镜，点燃后的焊炬不得乱挥动。

12）不准在未关闭气阀及熄火前，离开工作现场。

13）搬运气瓶时，要拧紧瓶阀，避免发生碰撞和剧烈振动。

模块 4   电梯安装维修保养

4.1   电梯安装工作

4.1.1   电梯安装前的准备工作

4.1.1.1   电梯安装队伍的组建和安全教育

1. 安装队伍的组建   电梯安装工程一般是以小组为单位，由 4～6 人同期安装 1～2 台电梯。参加安装的技术工人必须是经过特种作业安全技术培训考核，持有电梯安装维修工种"特种作业操作证"的人员。小组中必须有 1～2 名具有中级以上的电梯技工负责主持现场安装、调度工作，还必须有 1 名熟练的机械安装钳工或电工负责安全工作。根据安装进度还需适时配备一定数量的有独立作业能力的架子工、木工、瓦工、焊工、起重工和辅助工等。

2. 安全工作内容

（1）定期召开小组安全会议，一般每周一次，检查小结本周内的安全工作情况。

（2）在工作开始前和工作进行中，对工地现场和一切施工用的设备、装置作定期性安全检查。安装人员必须牢记"安全第一"的思想，遵守安全法规和安全操作规程，消除存在的不安全隐患。

（3）必须采取切实有效的安全技术措施确保现场人员安全。

（4）在工作场地要张贴急救站地址、救护车、消防队的电话号码和有关部门规定的安全标语。

（5）安全责任者应经常检查组员是否正确使用个人的防护用具，帮助组员按规定使用劳动保护用品。掌握组员因吃饭、下班前离开工地或有事离开工地等情况，要了解每个组员的身体状况。

（6）发生事故时，记录现场具体情况。发生严重事故时应立即向上级领导和有关部门报告，对于轻微事故也应在 24h 内上报有关部门。

4.1.1.2   工程计划施工进度的安排

施工进度的安排可分为机械和电气两部分，见表 4-1。该表是以 10 层楼为例，按集选控制方式的快速电梯进行计算的。如果梯型不同或层站高度和站数不同时，施工进度安排要作相应的改变，并重新核算安排工程进度和工艺步骤。

4.1.1.3   工具及劳动防护用品的准备

1. 工具   电梯安装时应选择合适的工具。所配备的工具在使用前需进行一次全面严格的检查。对于已经失效和损坏的工具，应进行更换。所有工具应妥善保管，经常清点，以免丢失。电梯安装需配备的工具见表 4-2。

2. 劳动防护用品   施工操作时，每个参加电梯安装的技术工人必须正确使用劳动防护用品，禁止穿短衣、短裤或宽大笨重的、有碍劳动的衣服和硬底鞋。集体备用的防护用品，

表 4-1　电梯安装施工进度

安装程序	安装内容	工作日 2	4	6	8	10	12	14	16	18	20	22	24	26	28	30	32	34	36	38	40	42	44	46	48	50	52	54	56	58	60	62	64	66	68
一	安装前的准备工作	—	—	—	—																														
二	机械部分的安装																																		
1	样板架			—	—																														
2	导轨					—	—	—	—	—	—	—	—	—	—	—	—																		
3	缓冲器、对重、承重梁										—	—	—	—	—	—	—	—																	
4	厅门										—	—	—	—	—	—	—	—																	
5	轿厢、轿门、轿架、开门机、导轨																		—	—	—	—	—												
6	安全钳、过桥装置																						—	—											
7	曳引机、直流发电机																						—	—	—										
8	导向轮（复绕轮）																									—	—								
9	限速器																											—	—						
10	曳引轮、补偿装置																							—	—										
三	电气部分的安装																																		
1	电线管或线槽										—	—	—	—	—																				
2	楼层指示灯、召唤箱、消防按钮																		—	—	—	—													
3	控制柜、机房布线																						—	—	—										
4	井道柜内各类电气装置																						—	—	—										
5	机房电气类装置																											—	—	—					
四	清理井道、机房																													—	—				
五	试车调换																														—	—	—	—	—

表 4-2　电梯安装需配备的工具

序号	名　称	规　格	数量	用　途
1	手持弯管器	15～50mm	5 把	安装电线管路
2	管子旋丝板（套丝板）	15～50mm	5 把	安装电线管路
3	管钳子	25～50mm	5 把	安装电线管路
4	链条管钳子	链长 600mm	1 把	安装电线管路
5	管子割刀	15～50mm	6～7 把	安装电线管路
6	管子压力台	2 号	1 台	安装电线管路
7	直筒扳手（套筒扳手）	套	1 台	安装电线管路
8	梅花扳手（梅花扳子）	套	1 台	紧固螺栓
9	活扳手		4～5 把	紧固螺栓
10	尖嘴钳		2～3 把	紧固螺栓
11	斜嘴钳		2～3 把	配线用
12	扁嘴钳		2～3 把	配线用
13	剥线钳		2～3 把	配线用
14	台虎钳	150～200mm（6～8）	4～5 把	配线用
15	螺钉旋具	50～300mm	4～5 把	配线用
16	电工刀		4～5 把	配线用
17	钢锯架（锯弓）		4～5 把	切断线槽、线管
18	十字形螺钉旋具	75～200mm	2～3 个	紧固螺栓
19	锉刀	方、扁、圆、半圆、三角、细、粗、中	1 套	机加工
20	整形锉	套	1 套	机加工
21	锤子	1/2～8tb	5～6 把	机加工
22	木锤		2～3 把	机加工
23	台钻	6～16mm	1 台	机加工
24	手电钻	6～16mm	2～3 把	机加工
25	电锤	8～22mm	2～3 把	打墙眼用
26	吊线锤	100～150g 5～10g	10～12 个	一般找直样板放线
27	砂轮机		1 台	机加工

应有专人保管，定期检查，使其保持完好的状态。在井道内施工时必须戴好安全帽，高处作业时（超过 2 m 以上）应系好安全带。用手搬运金属材料或进行有害手掌皮肤的工作时必须戴上手套，但禁止在转动的机械附近或在承受载荷的滚筒转轴下工作时戴手套。当使用钻、凿、磨、切割、浇注巴氏合金、焊接、用化学品或溶剂，以及在空气中含有尘屑较多的地方工作时，必须戴上规定的护目镜和口罩。

4.1.1.4　电梯技术资料准备工作

安装技术人员应熟知我国电梯安装及验收标准、地方法规、厂家标准和电梯安装维护操作的有关规定，并予以严格执行。从建设单位获得电梯的井道、机房土建、电梯平面布置等图样和机房供电系统等有关资料，以及电梯安装调试使用维护说明书、电梯电气控制原理图、电梯安装图册和装箱清单等资料。电梯安装人员应熟知这些技术资料和图样，要详细地了解电梯的类型、结构、控制方式、安装技术要求，进行充分的准备，保证质量，按时完成任务。

4.1.1.5　核对电梯零部件和安装材料

电梯机械设备和电气装置由制造厂装箱出厂运往施工现场交货时，为了防止在运输过程中发生零件损坏或散失等情况，电梯安装人员在进入现场开始安装前，必须会同委托安装单位及制造单位的代表，共同开箱清点检查装箱单、产品合格证、说明书、产品图样技术文件等是否齐全，如不齐全应立即要求制造厂给予补齐。同时，根据装箱单，逐箱清点核对所交验的设备零件与装箱单数量是否相符，是否有损坏，将核对情况进行仔细记录，三方代表签字确认，并据此向发货单位索要缺损部件。

4.1.1.6　机房井道土建情况的勘察

电梯安装人员进入电梯施工现场后，应根据 GB/T 7025—2008 和委托单位所提供的电梯井道、机房土建图的尺寸和要求进行验收。

其主要尺寸有：井道平面的净空尺寸；井道纵剖面图中，底坑深度、顶层高度、导轨支架预留孔和预埋铁板的位置及尺寸；各层站地坎牛腿尺寸；层楼显示器孔和厅门按钮箱及消防专用开关箱预留孔位置尺寸；各层厅门门框位置及尺寸；机房净空尺寸；地板预留孔位置及尺寸；吊钩高度及位置等。井道示意图如图4-1所示。

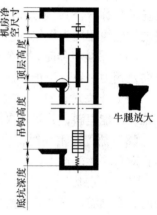

图4-1　井道示意图

4.1.2　电梯安装工程中的起重工作

电梯安装工程的起重工作分为两类：第一类是将电梯的各大部件按照安装位置进行吊运，分别吊运到安装位置的附近；第二类是将电梯各部件按要求定位，并校正其水平度、垂直度、中心线等，这是由安装技工通过手拉葫芦（倒链）、千斤顶等在现场按具体要求来完成的。

对于第一类起重工作，施工时应计划周密，什么部件吊运到什么位置，不要搞错，并检查吊运过程中因吊运不当造成损坏的情况，以便及时分清责任，避免损失。

1. 要求吊运到位的主要机件

（1）曳引机（包括电动机、减速器、曳引轮、制动器）、张绳轮、机器底座、承重钢梁、选层器、控制柜、限速器、发电机组、励磁柜等，均应吊运到机房内的指定位置。

（2）轿厢架、轿底、轿顶、轿壁、安全钳、导靴、轿厢轮等，均应吊运到电梯的上端站（最高层站）的层站外。

（3）层门、层门框、厅门地坎、轿厢及对重导轨等，均应根据实际需要情况吊运到每层的层站处。

（4）对重架、缓冲器应吊运到首层层站。

（5）对重块应放置在底层层站附近。

2. 起重安全操作要点

（1）所使用的起重吊装工具与设备，应经过严格检查，确认完好后方可使用。在吊装前必须充分估计被吊装工件的重量，选用相应的起重吊装工具或设备。

（2）起重吊装前应准确选定吊挂手拉葫芦的位置，使之能安全承受吊装的最大负荷。吊装时施工人员应站在安全位置上进行操作，拉动手拉葫芦时不准硬拉，如拉不动，必须查明原因。

（3）井道和施工场地的吊装区域下面和底坑内不得有人。

（4）起吊轿厢时，应该用强度足够的保险钢丝绳将起吊后的轿厢进行保险，确认无危险后方可放松手拉葫芦。在起吊有补偿绳及衬轮的轿厢时，不能超过补偿绳和衬轮的允许高度。

（5）钢丝绳轧头的规格必须与钢丝绳匹配，轧头压板应装在钢丝绳受力一边。对直径在 6 mm 以下的钢丝绳，使用轧头的数量应不少于 3 只。被轧绳的长度不应小于 $15d$（d 为钢丝绳公称直径），但最短不小于 300mm。每个轧头间距应大于 $6d$。同时只准将两个相同规格的钢丝绳用轧头轧住，严禁三根或不同规格的钢丝绳用轧头轧在一起。

（6）吊装机器时，应使机器底座处于水平位置且平稳起吊。抬、扛重物时应注意用力方向及用力一致，防止滑杠后脱手伤人。

（7）支撑对重时，应选用直径较大的钢管或较大规格的未变质的木材。操作时支撑要垫稳，不能歪斜，并要采取保险措施。

（8）放置对重块时，应该用手拉葫芦等设备吊装。当用手搬装时，应二人共同配合，防止对重块坠落伤人。

（9）拆除废旧电梯时，严禁首先拆卸限速器。有条件的应首先搭设脚手架。如无脚手架时，必须有可靠的安全措施，并应注意相互配合。

（10）电梯安装维修工在起重、吊装设备和材料时，必须严格遵守高空作业和起重工有关安全操作规定。

4.1.3　电梯安装工程中的脚手架搭设

电梯安装或大修工程中，一般都在井道内架设脚手架。

1. 脚手架材料的选用　电梯井道内脚手架一般采用竹、木、钢管三种材料。北方地区常用的是木杆和钢管两种。

对木制脚手架，常用剥皮的杉树、落叶松，其小头有效部分直径应大于 60mm，作为立杆的木料其长度为 4~10m，作支架撑杆的木料长度为 1.5 m 左右。作横杆和攀登杆的木料长度应视电梯井道内净尺寸而定，其隔离层脚手板应用厚 50mm、宽 200 mm 以上的木板。

凡是腐朽、虫蛀、裂纹、易折断、弯曲严重的杆料都不得使用。绑扎木、竹脚手架时，要用 8 号镀锌铁丝或用麻、棕绳拧成股，绑扎系结要符合技术要求。

采用钢管材料搭设时，应符合《直缝电焊钢管》（GB/T 13793—2008）材质标准，钢管的外径 48 mm，壁厚 3.5 mm，焊接钢管或外径 50~51 mm，壁厚 3~4 mm 的管材。杆件的连接应用直角扣件、旋转扣件、对接扣件，其规格、质量应符合《钢管脚手架扣件》（GB 15831—2006）标准。

脚手架的选材不当、搭设得不牢固、防护不完善，均会造成施工中的人身伤亡事故。因此对脚手架的选形、结构、搭设质量均应给予注意。为此，它应满足下列要求：

（1）要有足够的牢固性和稳定性，保证施工期间，在所规定的载荷作用下不变形、不摇晃、不倾斜，能保证安全。

（2）有足够的面积，满足器材堆放及施工人员停留、操作的需要。

（3）要有安全防护设施，如安全网、遮栏、通道防护等。

（4）采用钢管材质的脚手架要做好接地保护装置，接地电阻不大于 4.0Ω。

（5）不同类型材质（金属管件、木材、竹）不得混用。

2. 井道内脚手架的平面布置 根据电梯布置的轿厢外形尺寸，并结合井道内电梯各处部件，如对重、对重导轨、轿厢、轿厢导轨之间的相对位置，以及铁管、接线盒、线槽等位置，在这些位置前面留出适当的空隙，供吊挂铅垂线时使用，且不能影响部件组装工作。

（1）对重位于轿厢后侧时，电梯井道内脚手架的平面布置如图 4-2 所示。

（2）对重位于轿厢侧面的脚手架平面布置，对重侧的横杆应离开井道壁 650～700mm。近门口的横杆应斜放，布置脚手架有接线盒的一侧时应离井道壁 400 mm 左右，另一侧离井道壁为 200mm 左右，另一侧的两根横杆离开井道壁为 300～350mm，如图 4-3 所示。

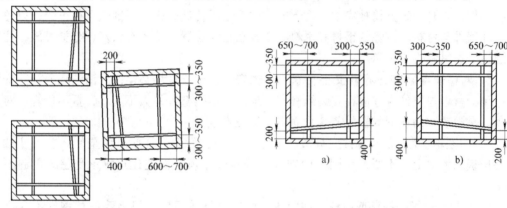

图 4-2 对重位于轿厢后侧的脚手架平面布置

图 4-3 对重位于轿厢侧面的脚手架平面布置
a）右开门 b）左开门

如果井道土建超过要求施工尺寸而把尺寸放大了，这时脚手架近门口的横杆尺寸应保持不变，而其他尺寸应根据偏差数值适当增大。

当轿厢额定载荷量较大而轿厢尺寸加大，因而井道尺寸也相应加大时，应在脚手架上增加适量的横杆，以提高脚手架的承重能力。

3. 井道内脚手架的垂直布置 井道内脚手架横杆垂直间距，一般取 1.8 m 以下。对靠近层站的脚手架（排木）有特殊的要求，既要考虑横杆的间距，又要照顾埋设地坎和厅门坎安装层门时的方便。在垂直布置时，应首先满足每层层站施工要求的横杆间距，其余部分可根据具体尺寸而定，但不宜超过规定的间距。木脚手架应在牛腿面以下 200 mm 处和牛腿面以上 900～1000 mm 处各布置一横杆，总的横杆间距应不大于 1200 mm。

4. 井道内脚手架上隔离层的布置 用木板制作隔离层时，木板的厚度应大于 50 mm，其长度应根据井道内尺寸而定，通常以伸出横杆两边各 100 mm 为宜，不可太长或太短。层与层隔离木板的排列应依次交错 90°，板与板之间应铺满，如有空隙应不大于 50 mm，以防踏空或大工具坠落。木板的两端应该用 10 号镀锌铁丝与相应的横杆扎牢，以防翘头发生意外，保证施工人员的安全。

5. 脚手架的安全使用注意事项 脚手架由持有"特种作业操作证"的架子工负责架

设。电梯安装修理技工在架设脚手架前应提出架设要求。架设完毕后应严格检查所架设的脚手架是否符合安全要求，即使有一对脚手架不符合要求也应重新架设，直到符合安全要求后才准使用。

脚手架安全要求应从下列 6 个方面进行检查：

（1）脚手架所用材质是否符合要求。

（2）检查脚手架的结构形式、平面布置和垂直布置，以及各支撑杆是否齐全并符合要求。

（3）脚手架的有关尺寸、四周间隙、横杆间距等均应符合工作要求。

（4）各部位立杆与横杆绑扎是否牢固，使用的绑扎绳是否符合要求。

（5）脚手架的承载能力应大于 2500N。

（6）脚手架拆除的安全要求：拆除脚手架时应本着先绑的后拆、后绑的先拆的原则，按层次由上向下拆除。应先拆木板，然后依次拆除横杆、攀登杆、支撑杆和立杆。在井道拆除脚手架操作时一定要精神集中，拆下的杆件应逐根传递下去，不准随意往下扔，以免伤人或损坏器件与材料。拆除的钢材和木料应堆放在指定位置，整齐有条理，分类堆放，注意留有通道、通风和排水距离。

6. 电梯设备零部件存放安全要求　电梯安装、维修现场必须保持清洁和通畅。安装维修所用的材料与机件应存放在安装维修部位附近，堆码整齐，大不压小，重不压轻。对于易滚动、易滑动和易变形的器材要填物固定，保证安全。

（1）电梯对重设备及部件应分散放置在安装部位附近。堆放时应垫好木垫，使载荷均布在楼板和大梁上，不要产生因集中堆放在楼板或屋顶上而使建筑物承受超载引起不安全因素。

（2）对于长细的构件或材料，如门头、厅门立柱、门框、门扇等各种钢件不允许直立放置，以免发生倾倒伤人事故。要采取卧式放置的方法，而且应垫平、垫稳，既要保证安全又能防止发生材料弯曲变形，保证完好状态。

（3）对于重要的器材器件，如测量仪表、导线、电子元器件、零星较小的容易散失的专用零件，应用专用的木箱加锁并由专人保管，仔细清点后记账存入，以便使用和查找等。

4.1.4　电梯安装工程中的放样板与放线

1. 样板架制作　根据电梯布置的轿厢外形尺寸，用不易变形的木料制作样板架。木料必须光滑平直，木板规格见表 4-3。

表 4-3　木 板 规 格

提升高度/m	厚/mm	宽/mm
≤30	40	80
>30	50	100

提升高度越高，木条厚度要相应增大，或采用型钢制作。样板架上各尺寸允许偏差为 ±0.30mm，并应严格检查，不得有扭曲现象。在样板架上标注出轿厢中心线、门中心线、门口净宽线、导轨固定位置线和厅门地坎线，并在需要放铅垂线的各点处钉一个铁钉，以备放线和固定线时使用。

（1）对重位于轿厢后面（配中分门）的样板架如图 4-4 所示。

（2）对重位于轿厢侧面的样板架如图 4-5 所示。

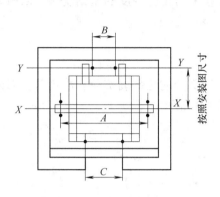

图 4-4 对重位于轿厢后面的样板架

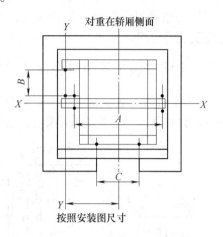

图 4-5 对重位于轿厢侧面样板架

注：A、B 布置图上导轨间距及导轨高度
并考虑每边加 3.5mm 左右的垫片间隙

2. 安置样板架和悬挂铅垂线 在机房楼板下面 500mm 以内，先放置两根截面尺寸大于 100mm × 100mm 刨平的木梁，以备托放已做好的样板架，将木梁用楔块固定在井道墙壁上（见图 4-6），底坑样板架如图 4-7 所示。在样板架上标记放铅垂线的点，用 20 ~ 22 号细铁丝放铅垂线至底坑，并在离底坑地面 200 ~ 300mm 处悬挂重 10 ~ 20kg 的锤或重物，将铅垂线拉紧。待铅垂线稳定后，再测量各厅门口、牛腿门口及井壁的相对位置，以此来校正样板的位置，要求达到理想的尺寸位置，然后再将样板架固定在木梁上。

安装样板架时要根据井道的实际净空尺寸安置，使水平度误差小于 5mm。

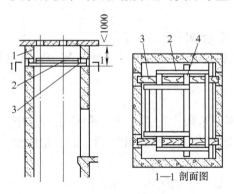

图 4-6 样板架安装示意图

1—机房楼板 2—样板架 3—木梁
4—固定样板架铁钉

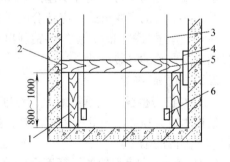

图 4-7 底坑样板架

1—撑木 2—底坑样板架 3—铅垂线
4—木楔 5—U 形钉 6—铅锤

3. 样板架的稳装和铅垂线挂放安全技术

（1）样板架托梁应采用截面尺寸大于 100mm × 100mm 的矩形木材制作。其四面应刨削成直角，凡材质疏松、有断口、扭曲的材料均应剔除。

（2）样板架托梁与井道墙必须牢固定位，保证施工人员上去调整位置或进行样板架挂线时，不会发生变形或塌落事故。

（3）样板架使用的材料应符合样板托架材质要求，以保证不会发生弯曲或折断。

（4）当电梯提升高度大于40m时，样板架托梁应采用相应强度的型钢制作，以满足铅锤加重受载的要求。

4.1.5 电梯安装工程中机房设备的安装

1. 承重梁的安装　机房的承重梁担负着电梯传动部分的全部动负荷和静负荷，因此要可靠地架设在坚固的承重墙或横梁上，如图4-8、图4-9所示。

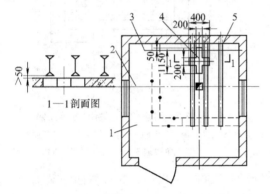

图4-8　机房楼板上承重梁的埋设

1—机房楼板　2—轿厢架中心线　3—对重中心线

4—预留十字形孔　5—承重梁

图4-9　机房楼板下承重梁的埋设

1—机房楼板　2—轿厢架中心线　3—承重梁

曳引机承重梁的两端埋入墙内深度必须超过墙壁中心20mm，且不小于75mm。

安装承重梁时，三根工字钢要求水平放置，每根承重梁的上平面水平度误差应不大于0.5/1000，相邻之间的高度允许误差为0.5mm。

承重梁相互的平行度允许误差为6mm。

关于承重梁的安置形式，应结合电梯布置图和实际情况统筹决定。

在安装承重梁的同时，首先要钻削出安装导向轮的螺栓孔，并根据样板架上对重位置，初步确定导向轮的安装尺寸。

2. 导向轮的安装

（1）在机房楼板上或承重梁上，对准井道顶端样板架上的对重中心和轿顶上梁中心各放一条铅垂线，在导向轮处铅垂线两侧，根据导向轮宽度另放两条辅助铅垂线，用以校正导向轮水平方向的偏差。

（2）导向轮和曳引轮的平行度允许偏差不大于1mm，如图4-10所示。

（3）导向轮的垂直度允许偏差应不大于0.5mm，如图4-11所示。

（4）导向轮安装位置误差规定为：前后方向为13mm，左右方向为±1mm。

3. 曳引机的安装　曳引机的安装正确与否，直接影响到电梯的工作质量，所以应严格执行安装工艺要求。

（1）根据承重梁的布置不同，曳引机的放置可分为以下几种。

1）承重梁安放在接近楼板上时（一般用在无导向轮时），应把曳引机直接安放在承重梁上，就是使曳引机底盘直接与承重梁相连接。

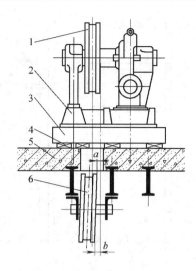

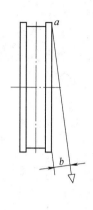

图 4-10 曳引轮与导向轮（或复绕轮）的安装
1—曳引轮 2—曳引机底座 3—钢筋混凝土基础
4—防振橡胶垫 5—机房地坪 6—导向轮（复绕轮）

图 4-11 曳引轮、导向轮、复绕轮
的垂直度测量

2）承重梁安放在两个高度为 450～600mm 的钢筋混凝土台阶上时，应将承重梁下面的一块钢板与承重梁相连接，并在钢板与承重梁之间布置防振橡胶垫，然后将曳引机底盘与另一块钢底板相连接，再安放在承重梁上（这种形式适用于客梯）。曳引机的安装如图 4-12 所示。

（2）曳引机的绳绕形式 根据曳引绳绕法（见图 4-13）不同进行安装，绳绕形式分为下列两种，如图 4-14 所示。

1）1:1 布置。可在曳引机上方拉一条水平线，使该水平线的垂直投影与样板架上轿厢、对重中心的连线相重合，从该线上挂下两条铅垂线，分别对准井道顶部样板上标出的轿厢中心点和对重中心点，此时，可将两端固定。然后再根据曳引轮节圆直径在水平线上再挂上铅垂线，这条铅垂线与轿厢中心垂线的距离应为曳引轮节圆直径。根据这两条相距为曳引轮节圆直径的铅垂线来放置曳引机。

2）2:1 布置。在曳引机上方拉二条水平线，从其中一条水平线上挂两条铅垂线分别对准井道顶部样板架上标出的轿厢中心点和一只轿厢曳引轮节圆直径中点位置处。另一条水平线上挂两条铅垂线，分别对准井道顶部样板架上标出的对重中心

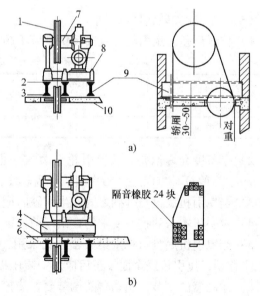

图 4-12 曳引机的安装
a）无隔音措施 b）有隔音措施
1、7—曳引轮 2—铁板机座 3—铁垫
4—钢筋混凝土机座 5—隔音橡胶 6—机房楼板
8—地角螺栓 9—承重钢架 10—楼板

与对重轮节圆直径中点位置处，挂好之后，复核一下。轿顶轮与对重轮节圆直径位置处挂的

两条铅垂线的位置尺寸符合规定后，根据这两条铅垂线来放置曳引机。

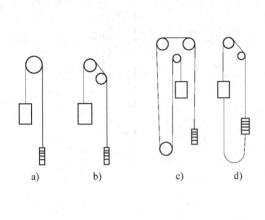

图 4-13　曳引绳绕法

a) 1:1 直绕式　b) 1:1 有导向轮直绕式

c) 1:1 曳引机在底部　d) 1:1 带平衡绳式

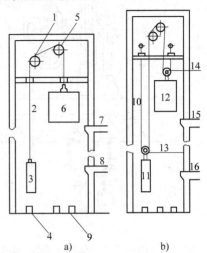

图 4-14　传动曳引绳绕形式

a) 1:1　b) 2:1

1—导向绳轮　2、10—曳引绳　3、11—对重

4—对重缓冲器　5—曳引轮　6、12—轿厢

7、15—顶层　8、16—底层　9—轿厢

缓冲器　13—对重复绕轮　14—轿厢

（3）曳引轮安装精度的要求

1）位置误差。曳引轮位置安装精度应不超过表 4-4 的规定值。

表 4-4　曳引轮位置安装精度　　　　　　　　　　　　　（单位：mm）

类别	甲类	乙类	丙类
前后方向	±2	±3	±4
左右方向	±1	±2	±2

2）平行度允许偏差。从曳引轮上边放一根铅垂线，与曳引轮下边的最大间隙应小于 0.5 mm。在蜗杆轴方向上（沿曳引机底盘长度方向）的平行度允许偏差为 1/1000。

3）当曳引机底盘与基础之间产生间隙时应插入铁片。

4）曳引机本身的技术要求均在出厂前保证，严禁拆卸曳引机。

5）当曳引机底盘与承重梁放置方式采用图 4-14a 形式时，为防止轿厢运行时曳引机发生水平移动，曳引机经全面校正后应该安装压板和挡板，以便进行固定。

6）制动器的调节。制动器的调节要在摘掉曳引绳后开空车时进行。制动时，制动器闸瓦应与制动鼓紧密贴合，松闸时两侧闸瓦应同时离开制动鼓表面，用塞尺测量，其间隙应小于 0.7mm（0.5～0.7mm 之间）。调整时，在安全可靠的前提下进行，并考虑到制动时的舒适感和平层的准确度。

7）整个曳引机装妥后，应空载试验正反运转各半小时后，检查平稳、噪声、振动等情况，达标准后方可认为合格。试验前应详细检查曳引机的各部加油处并加油，油位的高度以达到蜗杆中心为宜，不宜过多或过少。减速箱的润滑油应以国家规定和厂家规定为标准。

4. 曳引机安装中的安全技术

（1）曳引机就位安装应借助一个起重能力略大于曳引机组总重的环链手拉葫芦。该葫芦应挂在机房顶部位于曳引机上方房顶主梁内的吊环上（该吊环应由土建提供，且能承受起重曳引机组及起重机组的合力）。

吊环直径的承载能力规定如下：

1）直径 20 mm 的钢吊环，承载能力为 2100 kg。

2）直径 22 mm 的钢吊环，承载能力为 2700 kg。

3）直径 24 mm 的钢吊环，承载能力为 3300 kg。

4）直径 27 mm 的钢吊环，承载能力为 4100 kg。

（2）曳引机组应该通过吊索、索具卸扣和吊装辅助件与手拉葫芦连接。吊索不能直接连接在曳引机的机件上。图 4-15 所示为错误的吊装连接方式，而图 4-16 所示为正确的吊装连接方式。

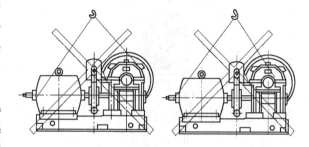

图 4-15　曳引机组错误的吊装连接方式

由吊索穿过曳引机底座上的起吊孔进行定位，或由吊索与穿过底座中的起吊孔的辅助吊杆件相连接，挂在葫芦挂钩上起吊。

吊索用钢丝绳制成，两端有索具套环（即三角圈）和三个以上钢丝绳扎头。吊索的承载能力应大于手拉葫芦的起重量，如单根吊索能力不够，也可采用双根并用的方法。钢丝绳吊索承载能力应选取 4～5 倍被吊设备重量的安全系数，确保安全。如要借助索具卸扣时，其规格也应与吊索钢丝绳相匹配。

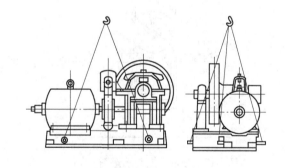

图 4-16　曳引机组正确的吊装连接方式

（3）吊装曳引机时应使机座处于水平状态，并确保平稳起吊。抬扛重物时应注意用力方向及用力的一致性，防止滑杠脱手伤人。

（4）由于吊索与手拉葫芦吊钩接合处都有一定的交角，当钢丝绳受力时因有一定角度而使其所受工作拉力时，可能有绳索脱出吊钩事故发生，吊起重物时要注意加强检查，并采取必要的防脱钩措施。

5. 限速器的安装　限速器是限制电梯轿厢超速下行的安全保护装置，按规定限速器的制动速度达到电梯轿厢额定速度的 115% 时，限速器动作，将限速器钢丝绳轧住，并同时将安全钳开关断开，使曳引机、电动机和制动器失电停止运行。图 4-17 所示为限速器安装示意图。

限速器在出厂时应经过严格的检查和试验。在安装时不准随意调整限速器弹簧的压力，以免影响限速器动作准确性。

（1）限速器的安装方法

1）根据土建布置要求，将限速器安放在机房楼板上。限速器的安装基础可用水泥砂浆制作成混凝土基础，预埋入地脚螺栓。该基础的尺寸应比限速器底边放大 25～40mm。也可将限速器直接安装在承重梁上或基础钢板的限速器座上，并用螺栓加以定位（该钢板应用地脚螺栓紧固可靠）。

2）安装限速器绳轮。

3）限速器安装的位置误差应满足的条件是：在前后左右方向应不大于 3 mm。

4）从限速器轮槽里放下一条铅垂线，使其通过楼板到轿厢架上拉杆绳头的中心点，再与底坑张紧装置的轮槽对正。

5）使限速器绳索与导轨的距离满足规定要求，如图 4-18 所示。

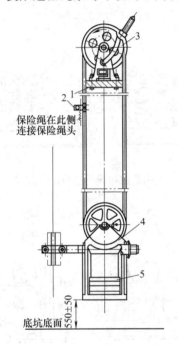

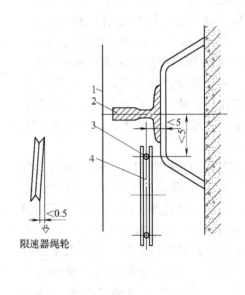

图 4-17　限速器安装示意图

1—地脚螺栓　2—机械架　3—限速器
4—张紧轮　5—坠砣

图 4-18　绳索与导轨的距离

1—轿厢底的外廓　2—导轨
3—限速器绳索　4—张紧轮

6）将限速器绳索的张紧装置安装在底坑的轿厢导轨上，张紧装置的底面距底坑地平面的高度应满足表 4-5 中的规定。

表 4-5　绳索张紧装置距底坑的高度

电梯类别	甲	乙	丙
距底坑高度/mm	750 ± 50	550 ± 50	400 ± 50

7）调整限速器动作速度，使其不低于额定速度的 115%，但也不要大于表 4-6 中规定的数值。

8）调整限速器绳的拉力，使其不超过 150～300 N。

9）张紧设备自重不应小于 30kg。

表 4-6　限速器最大动作速度

额定速度/（m/s）	最大动作速度/（m/s）
≤0.5	0.85
0.75	1.05
1.00	1.40
1.50	1.98
1.75	2.26
2.00	2.55
2.50	3.13
3.00	3.70

（2）限速器安装的技术要求

1）限速器经专门测试单位标定后加铅封，以保证限速器不会误动作。不准拆卸限速器。

2）限速器的轧绳装置应反应灵敏，且工作可靠。

3）当绳索伸长或折断时，应立即断开控制电路的电源开关，迫使电梯停止运行。

4）限速器在正常运行时，绳索不应接触机构的压绳钳口，以防发生误动作。

4.1.6　电梯安装工程中井道内设备的安装

1. 导轨支架的安装方法及要求　导轨、导靴和导轨架组成电梯导向系统。导轨限定了轿厢与对重在井道中的相互位置。导轨架作为导轨的支撑件，被固定在井道壁上。导靴安装在轿厢和对重架两侧，与导轨工作面配合，使电梯在曳引绳的牵引下，沿着导轨上下运行。导轨与支架的正确安装对电梯安装质量的好坏是一个重要的环节。

（1）导轨支架的安装方法。在样板架的工作线放下之后，首先应检查核对井壁预埋件或预留孔的位置及孔的尺寸大小是否与土建要求相符。

如果井道壁是砖结构的，则要根据放下的工作线划出支架埋入孔的位置。

支架埋入孔的要求是：

1）每根导轨至少设有两个支架，其间距应小于 2500mm。

2）支架与导轨连接板之间应保持一定的间距，不得互相干涉。

3）预留孔的尺寸大小要内大外小。可参见如图 4-19 所示的导轨架的固定方式。

如果井道壁是混凝土结构的，可以采取以下固定方式：

① 预埋钢板。将 16～20mm 厚的钢板按导轨安装要求预埋在井道壁上，焊件背面与钢筋焊牢，再将导轨架焊接在钢板上 。

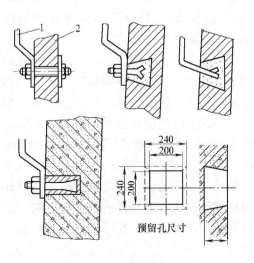

图 4-19　导轨支架固定方式
1—导轨支架　2—井道墙壁

② 用膨胀螺栓固定。膨胀螺栓规格应不小于 M16，在规定标号的混凝土结构井壁上才能使用，其埋入深度应不小于 100 mm，且离混凝土边缘应不小于 200 mm。

③ 用对穿螺栓固定。当井道壁厚度小于 100 mm 时，应采用对穿螺栓固定方式。

④ 直埋法。根据铅垂线将导轨架定位，把导轨架的燕尾部分直接埋入预备的孔洞中。

（2）导轨支架的安装要求：埋设或焊接导轨支架时，首先安装每边最下面的一挡，然后把工作线绑扎在支架上，使其与顶部样板架尺寸一致。所有支架应依照工作线埋设，支架面允许距离工作线 0.5～1mm，安装导轨时在支架面上加垫片，以便于调整轨距。

1）对于导轨架的水平度误差，无论其长度及种类，其两端的差值应小于 5 mm。

2）由井道底坑向上第一个导轨支架距底坑地面应不大于 1000 mm，井道顶部向下第一个导轨支架距楼板不大于 500 mm。

3）导轨架埋入深度不小于 120 mm。

4）当墙厚小于 100 mm 时，应采用大于 M16 的螺栓和厚度不小于 16 mm 的钢板，将支架与井壁固定，也称为穿墙方式。

5）允许用等于导轨架宽度的方形铁片进行调整，调整垫的总厚度一般不应超过 5mm。调整垫超过两片时，应焊接为一整体。

6）用 1:2:3 的混凝土灌注导轨支架埋入孔时，应先用水冲净埋入孔内的杂物，并选用 400 号以上的优质水泥。灌注后阴干 3～4 天，待水泥支架牢固并将支架表面处理平光后方可进行下步工序。

7）采用膨胀螺栓固定方式时，用冲击钻将墙打出与膨胀螺栓规格相匹配的孔，在孔内放入膨胀螺栓，将支架固定即可。图 4-20 所示为导轨架装配图。

（3）导轨的竖立。安装导轨前，应检测导轨工作面，并在地面上进行预拼，测量并记录每挡支架的位置，将其与预拼导轨的各挡接头相对照。然后将导轨编好序号。在安装过程中，导轨应自下向上安装，底坑内导轨的底端应设铁板底座，轿厢导轨下端距离底坑地面应有 60～80 mm 悬空。

轿厢导轨装妥后，再竖立对重导轨，应复核安装图上所要求的轿厢导轨中心线与对重中心线的尺寸。安装导轨时要注意，当电梯发生撞顶、蹾底时均应保证导靴不越出导轨。但导轨上顶端与井道顶板之间应有 60～80 mm 的间距。导轨的固定应当保证导轨不发生水平方向的移动。安装前，在地面上应将导轨工作表面及两端榫头清洗干净再进行连接。在校正前应将导轨用压板压住，各导轨接头处的螺栓也要紧固。

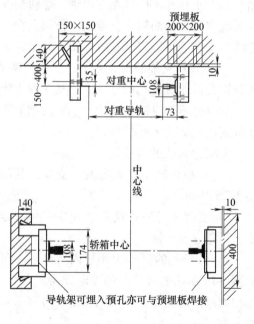

图 4-20　导轨架装配图

（4）导轨的校正。在顶部样板架上的轿厢中心点与对重中心点处，各放下一条铅垂线，待稳定后准确地在底坑处加以固定。用特制的导轨卡板和校轨仪校正导轨的平行度及位置。

调整时可在导轨背面与导轨支架之间加垫片进行调整，检查合格后，紧固全部螺栓。

1）校正专用工具：导轨初检卡板（见图4-21）和精校卡板（见图4-22）两种。

2）导轨安装检验后的技术要求：

①　两导轨的相对内表面在整个高度上的允许偏差应不大于表4-7规定值。

②　两导轨的垂直度偏差应符合下列规定：

a. 导轨垂直线的偏差每 5m 不大于 0.7 mm，在整列导轨高度上不大于 14～21mm。

b. 两导轨相互的偏差在整个高度上不大于 1 mm。

c. 导轨接头处的全长上不应有连续的缝隙，用塞尺检查不大于 0.5 mm。

d. 导轨与导轨架应用压道板连接固定，不允许焊接或用螺栓联接。导轨全部调整完毕校验无误时，可将压道板轻轻点焊，以便易拆卸。

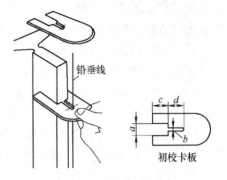

图 4-21　导轨初校卡板

e. 导轨接口处的台阶用 300 mm 金属直尺靠在导轨表面，用塞尺检查台阶处不应高于 0.04 mm。

f. 导轨接口处的台阶应按表4-8规定修光长度，修光后的凸出量不应大于 0.02 mm。

图 4-23 所示为导轨主要部位调整示意图。

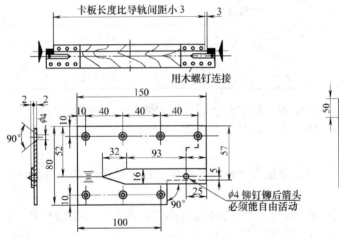

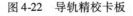

图 4-22　导轨精校卡板

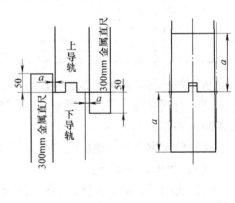

图 4-23　导轨主要部位调整示意图

表 4-7　两导轨间的距离

电梯类别	甲		乙、丙	
导轨用途	轿厢导轨	对重导轨	轿厢导轨	对重导轨
偏差不应超过/mm	±0.5	±1	±1	±2

表 4-8　导轨接头处修光长度值

电梯类别	甲	乙、丙
修光长度 a/mm	300	200

（5）导轨安装中的安全技术要求：

1）由于导轨安装作业是在井道中进行的，因此施工时所有施工人员都应戴好安全帽，如有登高作业还应系好安全带。自己所携带的工具应放在工具袋内，大型工具要用保险绳扎好，妥善旋转，防止坠落伤人伤物。

2）施工人员站立在脚手架上，应注意脚手架上的脚手板或竹垫笆是否扎牢和紧固，如有不妥应采取措施，先检查后上人，清除一切不安全因素后，才能进行工作。

3）严禁立体作业及上下一起施工。

4）井道墙上凿洞时，不允许用重 2.5lb 以上的大锤猛击墙面。

5）安装导轨时劳动强度较大，必须配备人力，由专人负责统一指挥工作，做好安全防护工作，施工中不得打闹，精神要集中，听从指挥。

2. 对重和曳引绳的安装

（1）对重设备的安装。对重装置用以平衡轿厢自重及部分起重量。

1）在安装时，先拆去对重架上一边的上下两只导靴，然后将对重架放进对重导轨中，再将拆下的导靴装上（如轿厢支架与对重支架同在一个组合件上时，对重架应先放入为好）。

2）在对重导轨中心处由底坑起 6~7m 高处，牢固地安装一个用以起重对重的环链手拉葫芦或双轮吊环形滑车，作为起吊对重装置用。

3）对重底碰板或轿厢下梁碰板至缓冲器之间的越程，可参照表4-9 中的数值进行装配。

表4-9　轿厢、对重越程值

电梯额定速度/（m/s）	缓冲器形式	越程/mm
0.5~1.0	弹簧	200~500
1.5~3.0	油压	150~400

4）吊起的对重架至选定越程的高度位置，用木柱垫好，接着装好上下导靴。

5）待钢丝绳装好，去掉木柱后，装上安全栅栏，其底部距地面为500mm，顶部距地面1700mm 左右。

6）将对重块逐一地加入架内，对重的重量等于轿厢自重加上额定载重的40%~50%。

（2）曳引绳的安装：

1）曳引绳截取的长度，必须根据电梯安装实际长度加以确定。轿厢置于顶层位置，对重置于底层距缓冲器越程处，采用 ϕ2mm 铅丝由轿架上梁起通过机房内（曳引轮导向轮）绕至对重上部的钢丝锥套组合处进行实际测量，加上轿厢在安装时实际位置高出最高层楼面的一段距离，并加 0.5m 的余量，即为曳引绳的所需长度。

2）截断曳引绳时，先用汽油将绳擦洗干净，并检查有无打结、扭曲、松股等现象，最好在地面上进行预拉伸，以消除内应力。在挂绳时，一端与轿架上梁固定后，另一端自由悬挂后也能起到部分消除内应力的作用。

3）为避免截绳时绳股松散，应先用22 号铅丝在截绳处分三段扎紧，然后再截断，如图4-24a 所示。

4）用汽油清洗锥套，再将绳穿入，解开绳端的铅丝，将各股钢丝松散，拧成花节或回环，接着将做好的绳端拉入锥套内，钢丝不得露出锥套。将巴氏合金加热到 270~350℃ 即到颜色发黄的程度，去除渣滓，同时把锥套预热到 40 ~ 50℃，此时即可浇灌。浇灌面应与锥套孔平齐，钢丝花节或回环应高出锥套孔 4 ~ 6 mm，要求一次浇灌成功，如图 4-24b、c、d 所示。

5）悬挂曳引绳。将曳引绳从轿厢顶起通过机房楼板绕过曳引轮、导向轮至对重上端，应确保两端连接牢靠。

6）曳引绳挂好后，用井道顶的手拉葫芦提起轿厢，拆除托轿厢的横梁，将轿厢缓慢放下。轿厢放下后，初步调整绳头组合螺母，然后在电梯运行一段时间后再进行调整曳引绳，使曳引绳均匀受力。

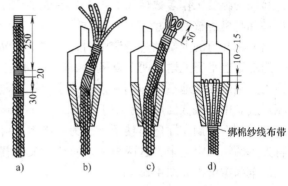

图 4-24 绳头制作过程

（3）曳引钢丝绳装配的安全技术要求。钢丝绳绳头的制作是一种火焰作业，由电焊工用氧乙炔焰为热源制作绳头时，应遵守电（气）焊工的安全操作规范。施工人员必须是持有电（气）焊"特种作业操作证"的人员。当由电梯安装修理工用喷灯为热源制作绳头时，应遵守喷灯的安全操作要求。

1）所有参加火焰作业的人员（包括配合人员）都必须佩戴符合规定的安全防护用品。

2）工作场地必须有良好的通风，要保持门窗通风良好、道路的畅通无阻。

3）火焰作业必须与氧气瓶、乙焰发生器或气瓶、木材、油类等物品保持 10m 以上的距离，并用挡板隔开。而易爆物品与火焰作业现场必须保持 20m 以上的距离。

4）作业现场附近应设置灭火装置，如干粉、二氧化碳灭火器和干黄沙桶，严禁使用水、泡沫灭火器。

5）重要部位和有防火特殊规定的场所进行火焰作业前，应通知消防安全部门现场检查或监护，取得批准文件或动火证后才能进行施工。

6）工作完毕后应彻底扑灭火种，确定没有任何火种遗留，才能离开现场。

7）在做绳头浇灌合金时，应一次浇灌好，不允许两次灌注，并在浇灌时轻击绳头，使巴氏合金浇灌密实，待冷却后方可移动。

8）在做好曳引钢丝绳头，将绳头与绳头板固定好之后，拆除轿厢底部托梁。放下轿厢之前必须装好限速器、安全钳，挂好限速器钢丝绳和将安全钳钳头拉杆与限速器连接好。这样做的目的是，万一发生轿厢因打滑下坠情况，限速器会起作用使安全钳轧住导轨，防止轿厢自由坠落。

3. 缓冲器的安装

（1）未设有底坑槽钢的缓冲器应安装在混凝土基础上，并埋入地脚螺栓，上表面伸出 5mm。混凝土基础的高度可根据底坑深度和缓冲器的高度而定。

（2）油压缓冲器的安装要垂直，活动柱塞的垂直度允许误差应不大于 0.5mm。

（3）在同一基础上安装两个缓冲器时，其高度允许误差为 2mm。

（4）在采用弹簧缓冲器时，缓冲器应垂直放置。缓冲器之间顶面的水平度允许误差为 4/1000。

（5）缓冲器中心应和轿厢架或对重架的碰板中心对准，其允许误差应不大于 20mm。

4.1.7 电梯安装工程中轿厢与相关部件的安装

轿厢的组装工作多数情况下是在上端站进行的，因为上端站最靠近机房，这样就便于起吊部件和与机房核对尺寸。

轿厢在井道的上端站进行装配时，应在上端站厅门对面的井道墙壁上平行地凿出两个直径为250mm的孔，使孔位的下边与上端站楼板地平面在同一水平线上，孔距与厅门口宽度相对应。用两根截面尺寸不小于200mm×200mm的方木料穿过井道，一端搁在厅门口楼板上，另一端放入井道壁孔中并将方木两端固定起来，这两根方木将作为支撑横梁来承载轿厢的全部重量，如图4-25所示。

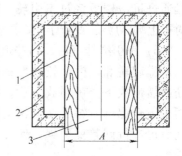

图4-25 支撑横梁示意图
1—横梁 2—井道墙体
3—顶层楼地面 A—层门口宽度

1. 轿厢架的安装

（1）在机房楼板相对轿厢中心的孔洞处，通过机房楼板和承重梁悬挂2～3t手拉葫芦，以便起吊轿厢架。

（2）先将轿厢架的下梁放在支撑方木上，并将其校正水平，其水平度误差为2/1000，使导轨顶面与安全钳座间隙两端一致，并将其固定。将轿厢底盘放在下梁上，并在下梁与底盘型钢间施加垫块，调整轿厢底盘平面的水平度误差小于2/1000。

（3）竖起轿厢架两侧立柱并与下梁上、底盘用螺栓联接。立柱在整个高度上的垂直度误差不大于1.5mm。

2. 安全钳的组装及其安全技术要求

（1）将安全钳楔块分别放入安全钳座内，使拉杆与固定在上梁的传动杠杆相连接，再把导靴全部装上，并调整各楔块拉杆螺母，用塞尺检查，使楔块与导规侧面的间隙（见图4-26）一致。此间隙按厂家要求，一般为2～3mm。

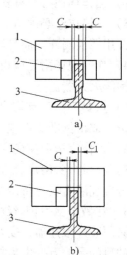

图4-26 楔块与导轨侧面的间隙
1—安全钳座 2—楔块 3—导轨

注 $C = 2 \sim 3mm$，$C_1 = 0.5mm$

（2）安全钳装置的安全技术要求

1）禁止使用电气、油压、气压操纵的装置操作安全钳。

2）安全钳动作后，只有将轿厢（或对重）提起，才能使安全钳释放。释放后，安全钳应处于正常工作状态。

3）不能将楔块或安全钳挡块作为导靴使用。

4）安全钳的夹紧装置应位于轿厢下部。

5）可调整部件应加铅封，不得擅自改动。

6）安全钳动作后，轿厢地板将产生倾斜。在负载均匀分布的情况下，轿厢地板的斜度不得超过正常位置的5%。

7）轿厢安全钳动作时，装在安全钳拉杆上的电气开关应在安全钳动作之前或同时使电动机停止转动。

3. 轿厢的安装

（1）轿厢的装配。

1）将活动轿厢或活动轿厢底盘准确地安放在轿厢架的固定盘上（见图4-27），其间垫以符合技术要求的橡胶减振垫。然后调整轿厢架拉杆，使轿厢底盘上平面的水平度误差不大于 2/1000。

2）用手拉葫芦将组装好的轿顶悬挂在上梁下面。

3）将轿壁与轿底、轿壁与顶轿用螺栓联接，用 90°角尺校正轿门侧的轿壁，其垂直度误差应不超过 1/1000，然后紧固各螺栓。轿门门套的技术要求与厅门门套相同。

4）安装操作盘、照明灯、扶手、整容镜。

5）安装轿厢门、其技术要求参见下一节"电梯安装工程中厅门与地坎的安装"。

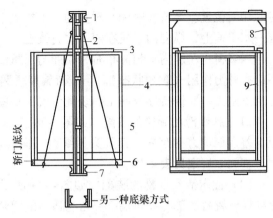

图 4-27　轿厢结构示意图
1—上梁　2—立柱　3、9—轿厢　4—围扇　5—拉条
6—轿底　7—底梁　8—轿厢架

6）有开门机的轿厢门导规应保持横平竖直，不挂开门机构时，轿门的开关应轻松自如。挂上开门机构后，轿门的碰撞力应不大于 150N。如轿门设有安全触板，其动作的碰撞力应不大于 5N。

7）电梯因停电或电气系统发生故障而停止运行时，在轿厢内应能用手开门，其扒门力调整在 200～300N。

8）轿厢安装完毕，用手拉葫芦将轿架提起，并在固定底盘上用平衡块调整轿厢的平衡。

9）有轿顶轮的轿厢架，轿顶轮与轿厢上梁的间隙，水平方向四周间隙之间差值不得大于 1mm，导向轮的垂直度误差应不大于 0.5mm。

10）在立梁上装有限位开关碰铁的轿厢，在装轿壁前应先将碰铁安装好，碰铁垂直度允许误差为 2/1000。

（2）轿厢安装过程中的安全技术要求。

1）吊装轿厢所使用的吊装工具与设备，应经过严格仔细的检查，确认完好后方可使用。吊装前必须充分估计被吊物件的重量，并选用相应的吊装工具和设备。

2）轿厢吊装前，应按起重作业安全操作要点选取手拉葫芦的支承位置，并配好与起重量相适应的手拉葫芦。吊装时，施工人员应站在安全位置进行操作。

3）轿厢和对重全部安装好以后，应将曳引钢丝绳挂在曳引轮上。在拆除支承轿厢架横梁和对重的支承横梁之前，仔细检查，必须将限速器、限速器钢丝绳、张紧装置、安全钳拉杆、安全钳开关等安装完成，才能拆除支承横梁。这样做的目的是，万一出现电梯失控打滑现象时，安全钳可将轿厢轧住在导轨上，不发生坠落的危险。

4）如需将轿厢吊起较长时间进行工作时，不可仅用手拉葫芦吊住轿厢，这是很危险的。正确的作法是：用手拉葫芦将轿厢吊起后，再用两根相应的钢丝绳将电梯轿厢吊在承载装置上。钢丝绳应制作绳头，使用时配以相应的钢丝绳卡子，使轿厢的重量完全由两根钢丝绳承载，使手拉葫芦处于不承担载荷只起保险作用的状态。

4. 导靴的装配及其安全技术要求　导靴安装在轿厢架和对重架的两侧，并与导轨面相接触，作上下滑动或滚动。轿厢和对重依靠各自的导靴在导轨上滑动，保持轿厢与对重运行时的相对位置。导靴在轿厢、对重的上下横梁上加以固定，其位置必须保持：横向两导靴在同一水平面上，纵向两导靴在同一垂直线上。

当载荷在轿厢内均匀分布时，轿厢与对重的重量只由曳引绳的绳头组合器承载，导靴上不应有外力作用（理想状态）。当载荷偏离轿厢中心时，导靴就会受到相应的外力。装配时为减少阻力，应保持导靴的正确装配位置，如图 4-28、图 4-29、图 4-30 所示。

（1）弹性滑动导靴的装配。如图 4-28 所示，弹性滑动导靴在电梯运行时，由于导轨间距误差及偏重力的存在，其靴头始终在轴向浮动。因此，导靴在装配时应有适当的伸缩间隙，其间隙规定见表 4-10。

（2）固定滑动导靴的装配。如图 4-29 所示，固定滑动导靴因其靴头是固定的而得名。此种导靴靴衬底部与导轨端部要留有适当的间隙口，间隙口的数值应调整在 0.5～1mm（在导轨间距最小处调整），不得大于 1mm。为了容纳导轨侧工作面的偏差，靴衬在宽度上也应调整出适度的间隙。

（3）滚动导靴的装配。如图 4-30 所示，滚动导靴以三个滚轮代替了滑动导靴的三个工作面。三个滚轮在弹簧力的作用下适度地压在导轨的三个工作面上，实现以滚动摩擦代替滑动摩擦。调整弹簧使滚轮具有良好的缓冲性能，并在三个方向上自动补偿导轨的各种几何形状误差。要求滚轮转动灵活，滚轮对导轨工作面不产生歪斜，轮缘整个宽度应全部压在导轨工作面上，而且接触良好。

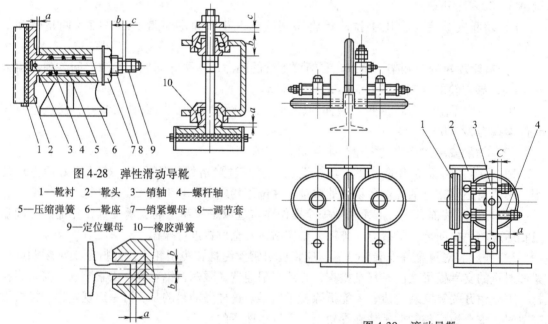

图 4-28　弹性滑动导靴

1—靴衬　2—靴头　3—销轴　4—螺杆轴
5—压缩弹簧　6—靴座　7—销紧螺母　8—调节套
9—定位螺母　10—橡胶弹簧

图 4-29　固定滑动导靴

图 4-30　滚动导靴

1—滚轮　2—靴座　3—摇臂　4—压缩弹簧

表 4-10　弹性滑动导靴的 a、b、c 值

电梯额定载重/kg	500	750	1 000	1 500	2 000～3 000	5 000
b/mm	42	34	30	25	25	20
a、c/mm	2	2	2	2	2	2

4.1.8 电梯安装工程中厅门与地坎的安装

导轨调整好以后，以导轨为基准，以样板架上所悬挂的厅门铅垂线为依据确定厅门位置。

（1）首先检查并完善各厅门口的牛腿情况，接着将厅门地坎用 400 号以上的水泥砂浆固定在各层牛腿上（也有用钢制牛腿的）。固定好的地坎上平面应比最终的楼板地平面高出 5～10mm，并与地平面抹成 1/100～1/150 的斜坡，以防止液体流入井道。在安装中应使各厅门地坎与轿厢地坎保持相同的距离，并使其偏差在 0～3mm 之间，使其水平度偏差不大于表 4-11 中的规定。

表 4-11　水平度偏差

类别	甲类	乙类	丙类
水平度偏差/mm	2	3	4

（2）在灌注的水泥阴干 2～3 天之后，再安装门框。门架立柱的垂直度误差与横梁的水平度误差均要达到规定要求。用木制楔块将厅门框架固定，将各地脚螺栓用水泥砂浆浇灌固定后再进行下一道工序。

（3）安装厅门门套时，应先将门套立框与地坎连接牢固，并将门套同时固定在厅门口的侧壁上。

（4）厅门导轨的中心与地坎中心的校正。测量过程应在三处进行（两端及中间处），其偏差应不大于 1/1000，然后挂上厅门再进行重复校正。

（5）当厅门安装完毕后，用手推拉时应无噪声、无冲击或跳动现象，并在门中心处沿导轨的水平方向任何部位牵引时，其阻力应小于 3 N。

（6）门滑轮的安装。在安装门滑轮之前，应认真检查门滑轮的转动是否灵活。同时，还要向滚动轴承内应注入润滑油脂。

（7）厅门与门套、两厅门之间的间隙应为 4～6mm。门缝要直且均匀。其间隙差值应不大于 1.5mm。

（8）对于中分式的厅门，轿门对口处平面误差应不大于 1mm。

（9）轿门与厅门的关系：轿门与厅门的形式有中分式和双折门。

（10）厅门门锁的安装。

1）调整开门刀与厅门地坎之间的间隙（一般为 5～8mm）。

2）从轿门上的不动刀片的顶面中心放下一根铅垂线至底坑，并加以固定。然后，按铅垂线确定门锁两胶轮的中心，据此安装好门锁。

3）厅门锁安装完毕后应进行慢速试运行，然后再进行精确调整。调整门锁滚轮与轿厢地坎之间的间隙（一般为 5～8mm）。确定门锁的准确位置后，即加以紧固。

4）安装机械、电气联锁装置。

5）调整各层厅门。当门扇开、闭 100mm 和行程的 1/2 时，其开门差值应不超过 5%。

6）当轻轻用手扒开门缝时，强迫关门装置应使其严密闭合。

4.1.9 电梯安装工程中电气设备的安装

电气部分的安装依据是《电气装置安装工程电梯电气装置施工及验收规范》

（GB50182—2002）及有关电梯安装的其他标准。

1. 配电导线的敷设 电气设备的安装方式、方法因电梯类型、井道、机房土建等不同，其配线方式和种类也不相同，但是其装配原理差异不大。电梯电气装置中的配线，应使用额定电压不低于500V，横截面积不小于1.5mm²的铜芯绝缘导线。导线不得直接敷设在建筑物和轿厢上。对于机房和井道内的配线，宜使用电线管和电线槽保护，但是在井道内严禁使用可燃性材料制成的管槽。

（1）线槽配线。线槽配线适用于从机房控制柜经电梯井道到各层外呼按钮和层楼指示灯的信号线的敷设。这是一种比较经济的敷设方式。

电梯供电电源线不得和其他导线敷设于同一电线管或线槽中。

1）线槽敷设在电梯井道内靠近外呼按钮较近的墙上。安装时，在顶层敷设线槽的位置，离墙25mm处放下一根铅垂线至底坑，并在底坑内固定，为安装线槽校正时使用。

2）每距800mm钻凿一墙孔，埋设地脚螺栓，将线槽底固定。安装后应横平竖直，其水平和垂直偏差不应大于长度的2/1000，全长最大偏差不应大于2mm。并列安装时，应使槽盖便于开启。

3）电线槽应平整，无扭曲变形，内壁无毛刺，接口应平直，接板应严密，槽盖应齐全，盖好后应平整、无翘角。在每层的外呼按钮箱、层楼指示灯与线槽相对应的位置，用适当的开孔刀在线槽侧面开孔，连接金属软管或电线管。出线口应无毛刺，位置应准确。

4）按照接线图上的电线数量再加10%的备用线放线。这些线一般应包括外呼按钮线、层灯线、方向灯线、厅门锁线、底坑急停线、底坑照明线、底坑220V插销座线、上下端站开关线等。将主线和备用线在室外放开，按适当长度截取一断，在电线两端标明线号，每隔几米捆扎一下，然后将放好的线安放在线槽内。

5）在线槽的每个出线孔，将相应的线按线号分接出来，穿金属软管或电线管接至各用电器处，也有用电缆直接从各出线孔接至用电器处的。

6）线槽与金属软管用接头成直角连接。

（2）敷设导线的注意事项：

1）导线数量应留有充足的裕量，一般应比用线数量多10%。

2）在线槽内敷设的电线的总截面积（包括绝缘层），不应超过线槽总截面积的60%。

3）动力线和控制线不得在同一线槽或同一线管内敷设。

4）对于触摸按钮、旋转编码器等易受信号干扰的电子元器件，应采用屏蔽线连接。

5）采用不同颜色的电线时，用线颜色要依据国家标准。

6）导线出入金属管口或通过金属板连接处时，应设光滑护口保护。

7）金属线槽、管连接处应设明显的跨接地线。

（3）层楼指示灯、按钮盒、消防按钮的安装。

层楼指示灯、按钮盒、消防按钮均应有铁制外壳，将外壳中的电器零件取出后妥善保管。按施工图尺寸要求，将各外壳平整、垂直地固定在预留的孔洞中，用水泥砂浆将外壳与墙体的缝隙填实并与墙面抹平。测量金属软管长度，穿导线，将软管沿墙敷设固定，并保持横平竖直过渡圆滑，用软管将外壳与线槽连接。经过调试阶段后，再将电器零件装好，按号接线，最后将面板装好。

（4）随行电缆的安装。

轿厢运行时均有一条或几条电缆随之运行，称为随行电缆，简称随缆。一般随行电缆的一端绑扎固定在井道中部的电缆架上。井道电缆架安装在电梯提升高度 1/2 再加 1.5 m 高度的井道墙壁上，用地脚螺栓固定。随行电缆的另一端绑扎固定在轿底下梁的电缆架上，称为轿底电缆架。轿底电缆架安装位置应按以下原则加以确定：8 芯电缆其弯曲半径应不小于 250mm，16～24 芯电缆的弯曲半径应不小于 400mm，一般弯曲半径不小于电缆直径的 10 倍。

安装随行电缆注意事项如下：

1）安装井道电缆架时，应使随行电缆避免与选层器钢带、限速器钢丝绳，以及极限、限位、缓速开关平层感应器和对重安装在同一垂直交叉位置。

2）井道电缆架与电线管、电线槽、导轨支架的安装不应卡阻运行中摆动的随行电缆。

3）轿底电缆架的安装方向应与井道电缆架一致，并使随行电缆位于井道底部时，能避开缓冲器，且保持一定距离。

4）随行电缆用 20 号铅丝绑扎，绑扎要均匀、牢固、可靠，使电缆与套筒无移动，其绑扎长度为 30～70mm。

5）随行电缆安装前应预先自由悬吊、充分退扭。安装后不应有打结和波浪扭曲现象。多根随行电缆同时安装时，其长短应一致。

6）当电缆直入机房时，随行电缆的不运动部分（提升高度 1/2 加高 1.5 m 以上）应用卡子加以固定。

（5）井道中间接线箱的安装。

井道中间接线箱简称中线箱。中间接线箱应装于电梯正常提升高度 1/2 加高 1.7 m 的井道壁上（井道电缆架以上 0.2 m）。装于靠近厅门一侧时，水平位置宜在轿厢地坎与安全钳之间（电缆直入机房时无此箱）。

2. 机房电气装置的安装

（1）控制柜的安装。

根据机房布置图，在充分考虑布局合理、维修方便、巡视安全的前提下，确定其安装位置。控制柜安装时应注意以下事项：

1）一般以 100～120mm 的槽钢作控制柜的地脚梁，将槽钢用地脚螺栓固定在地面上，再将控制柜用螺栓固定在地脚梁上。

2）控制柜应面向曳引机，且一一对应。

3）控制柜与门窗之间的距离应大于 600mm 以上。

4）控制柜的维护侧与墙壁之间的距离应大于 600mm；群控、集选电梯应大于 700mm；控制柜的封闭侧应大于 500mm。

5）双面维护的控制柜成排安装时，其宽度每超过 5m 中间宜留有通道，通道宽度应大于 600mm。

6）控制柜与机械设备之间的距离应大于 500mm。

（2）选层器的安装。

1）选层器钢带一端连接轿厢，另一端连接对重装置。先将钢带传动装置按照布置图的要求进行旋转，从钢带轮的两侧轮缘中心处放两根铅垂线，对准轿厢和对重的卡带装置的中心。然后将钢带传动装置用地脚螺栓固定，其垂直度误差不应大于 2/1000。

2）根据已定位的钢带传动装置来确定选层器的位置，应注意使传动链轮在同一条直线上。当轿厢运行时，选层器拖板作相应的运动。调整正确后，将选层器固定在机房楼板上，并连接导线。

（3）制动器的安装。

安装制动器时，其闸瓦应紧密地抱合于制动轮的工作表面上，其接触面不得小于80%。当松开闸瓦时，两侧闸瓦应同时离开制动轮表面，其间隙不得大于0.7mm。闸瓦与制动器的松紧程度应以轿厢静载试验无溜车，电梯起动、制动时轿厢内感觉舒适为宜。

3. 轿厢电气装置的安装

（1）接线盒的安装。

有的接线盒位于轿厢底，应安装在轿门下边的钢梁上。有的接线盒位于轿厢顶，应安装在轿顶的钢梁上。轿厢电线汇总于接线盒，应分别用电缆或电线管配置到操纵箱、轿内指层灯、开门机和轿内照明等地方。轿厢电缆电线也可将其一部分直接配置到以上装置中。

安装接线盒时，应确保垂直、牢固，接地线应可靠，电线出入口应光滑无毛刺。

（2）平层感应器的安装。

感应器应安装在轿顶横梁上，利用安装在轿厢导轨上的隔磁板使感应器动作，以控制平层开门。每一停层位置都必须装一块隔磁板。

在调整好厅门与轿门地坎的间隙后，应调整干簧传感器与隔磁板之间的间隙。

1）安装感应器和隔磁板时，应使其固定牢固，以防止松动。同时，要注意使其不得因电梯的正常运行而产生摩擦，且严禁发生碰撞。

2）感应器和隔磁板的安装应平正、垂直。隔磁板插入感应器时两侧的间隙应尽量一致，其偏差不得大于2mm。

3）平层感应器在电梯平层于每层楼面地坎时，上下平层感应器离隔磁板的中间位置应一致，其偏差不大于3mm。

4）提前开门感应器应装于上下平层感应器的中间位置，其偏差不大于2mm。

（3）安全窗开关的安装。

1）轿顶安全窗只能人为开启。安全窗开启大于50mm时，安全窗开关应可靠动作，使电梯立即停止运行。

2）安全窗开关应固定牢固。当安全窗盖板盖下后，靠自重能将开关压合。

3）当安全窗盖板盖下后，应有锁紧装置将盖板压实，电梯在正常运行过程中，安全窗开关不得动作。维修人员应能从轿厢顶上打开此锁紧装置。

（4）安全钳开关的安装。

有的安全钳开关位于轿厢底部，安装在轿底下边的钢梁侧面。有的安全钳开关位于轿厢顶部，安装在轿顶钢梁侧面。进线接在安全钳开关的常开触点上。正常时，拨架的碰头将开关压合，常开触点接通。当电梯向下超速行驶时，限速器动作将限速绳轧住，限速绳拉动安全钳拨架，依靠拨架的碰头使该开关断开。切断电梯控制电路的电源。安装安全钳开关时，要求固定牢固，动作可靠。

（5）满载、超载开关的安装。

1）满载、超载开关一般安装在轿厢底梁上，应在轿厢底盘与轿厢架固定底盘间垫以规定数量的有特殊要求的防振橡胶垫。

2）当轿厢达到额定重量时，满载开关动作。满载开关动作后，电梯不再响应外部召唤，只响应内部选择信号。

3）当轿厢载重量超过额定重量的110%时，橡胶垫变形3mm以上，轿厢底使超载开关动作。电梯超载后不关门，超载铃报警，直至载重量减至额定重量以下为止。

4. 井道电气装置的安装

（1）极限、限位、缓速开关的安装。

极限装置安装在井道里，但限位、缓速装置有的安装在井道里，有的安装在轿厢顶部。这里讲的极限、限位、缓速装置均安装在井道里。这些装置可以保证电梯运行于上、下两端站以及在事故状态时不超越极限位置，但不应取代电梯正常减速和平层装置。

1）极限、限位、缓速开关的安装要求：

①　碰铁应无扭曲变形，开关碰轮转动灵活。

②　碰铁安装应垂直，偏差应不大于长度的1/1000，最大偏差不大于3mm（碰铁的斜面除外）。

③　开关、碰铁的安装应牢固，开关碰轮与碰铁应可靠接触，在任何情况下碰轮边距碰铁边不应小于5mm。碰轮与碰铁接触到位后，开关触点应可靠动作。碰轮沿碰铁全程动作时，轮边不应有卡阻现象。碰轮应略有压缩裕量。

2）极限、限位、缓速开关安装后的调整。开关位置调整后，其导线应留有适当的裕量，裕量部分应可靠固定。

①　极限开关的位置规定为：轿厢地坎超越上下端站地坎150~200mm时，碰铁接触碰轮后应使极限开关迅速断开，以用于切断电梯电源。

②　限位开关的位置规定为：轿厢地坎超越上下端站地坎30~50mm时，碰铁接触碰轮后使限位开关迅速断开，切断运行方向继电器的电源。

③　1.5 m/s 及以下的快速电梯上下端站各有一个缓速开关。缓速开关的位置规定为：当轿厢平层感应器超越上下端站电气减速位置时，碰铁接触碰轮后使缓速开关迅速断开，切断快速运行继电器的电源。

④　1.5 m/s 以上的快速电梯或高速电梯上下端站各有两个缓速开关，一个叫单层缓速开关，一个叫多层缓速开关。缓速开关的位置规定为：当轿厢平层感应器超越上下端站单层电气减速位置时，碰铁接触碰轮后使开关迅速断开，切断快速运行继电器的电源。当轿厢平层感应器超越上下端站多层电气减速位置时，碰铁接触碰轮后使开关迅速断开，切断快速运行继电器的电源。强迫缓速开关的安装位置，应按电梯的额定速度、减速时间及制停距离选定（见表4-12）。但其安装位置不得使电梯停制距离小于电梯允许的最小停制距离。

表4-12　电梯额定速度、减速时间及制停距离的选定

制停距离 减速时间	额定速度			
	1.5m/s	1.75m/s	2m/s	2.5m/s
2s	1.5m	1.75m	2m	2.5m
3s	2.5m	2.62m	3m	3.75m
4s	—	—	—	5m

（2）底坑停止开关的安装。

1）底坑开关应设置在底坑平面往上 1.5m 以上、下端站厅门地坎以下 0.2 m 左右的厅门下面的墙壁上，但应避开厅门口的正下方位置。

2）底坑开关应该采用全封闭的双位开关。

3）底坑开关板上应该安装一个安全电压照明灯和一个 220 V 交流电压插座。

（3）限速绳断绳保护开关的安装。

限速绳断绳保护开关应安装在轿厢导轨上的开关支架上，当限速轮从水平位置下降 50mm 时，此开关应断开控制电路的电源。

（4）液压缓冲器开关的安装。

液压缓冲器开关应安装在缓冲器立柱的外壳上。当缓冲器被压下时，开关动作，以切断控制电路的电源。

5. 接地系统的安装　电梯机房的供电电源线应是三相五线制，其保护接地系统应始终独立于工作零线，不得混用。一般供电系统是三相四线制，其接地系统可以从建筑物的共用接地系统引出或另外架设接地系统。

无论采用哪种机房接地引出线，其接地电阻值均应小于或等于 4Ω。接地线应使用横截面积不小于 4mm^2 的铜线。所有用电设备的外壳、金属线槽以及金属管路均应可靠接地。其接地线均应设置在明显的位置上，以便于检查。

4.1.10　电梯安装调试工作

1. 调试前的准备

（1）电梯的调试工作应在电梯的安装工作全部完毕之后进行。

（2）调试前，电梯井道中的导轨应全部清洁，脚手架应全部拆除，并已确认井道中无任何阻碍物，以免轿厢在井道中上下运行时引起碰撞。

（3）检查用户提供的机房配电盘进线是否正确，确认动力电源和照明电源线严格分开，测量确认接地线合格、独立、可靠。

（4）先关断配电盘上的所有电源开关。

（5）清扫轿厢内、轿顶、各层站显示器和召唤按钮等部位的垃圾，彻底清除轿厢门和各厅门地坎内的垃圾。

（6）打扫机房，把控制柜、曳引机等机房中的各个部件表面的灰尘清除干净。

2. 检测和润滑

（1）井道内和入口处：

1）检测缓冲器装置是否安全牢固。

2）检测油缓冲器装置的油质、油量和厂家指定的是否相符。

3）检测限速绳滑轮转动是否灵活，断绳开关是否正常。

4）检查所有的井道出入口是否都已锁好。

（2）轿厢和对重：

1）检查对重装置与轿厢的间隙是否与指定的相符。

2）检查曳引绳的绳头组合装置是否固定牢固，各开口销是否已安装好。

3）检查是否安装了导靴和靴衬。

4）检查加油盒安装是否正确，其油位是否符合规定（一般为油盒高度的 2/3）。

5）检查轿厢运行中是否有伸出的障碍物。

（3）机房：

1）检查电源进控制柜的导入线和输出线是否固定牢固。

2）检查各部件是否都已可靠接地。

3）检查曳引机接线是否已经固定牢固。

4）检查曳引轮、导向轮、电动机旋转部件是否灵活。

5）检查制动器的弹簧及锁母等是否已调整到位。

6）检查曳引机减速箱和电动机油位是否达到标准。

7）检查限速器滑轮是否灵活。

8）检查限速器开关是否在正常位置，限速器钳口是否装好。

9）检查接线端是否拧紧，限速器是否已接地。

3. 绝缘测试　绝缘测试主要是处理各部件和电线间的短接故障、线间短接故障、接地故障等，以防止各部件烧毁和触电。

（1）再次确认电梯动力电源和照明电源已断开。

（2）将驱动电路、控制电路和弱电电路分别断开。

（3）用 500 V 直流高阻绝缘表测试下列电路（电路应与电路板断开）的绝缘：

1）驱动电路对地绝缘电阻应大于 0.5 MΩ。

2）控制电路对地绝缘电阻应大于 0.25MΩ。

3）信号电路对地绝缘电阻应大于 0.25 MΩ。

4）照明电路对地绝缘电阻应大于 0.25 MΩ。

5）门机电路对地绝缘电阻应大于 0.25 MΩ。

4. 检测电压

（1）将驱动电路、控制电路和弱电电路断开部分恢复连接。

（2）合上机房动力电源开关，确保控制柜电源指示灯亮。

（3）用数字式电压表测试控制柜电源电压值应符合指定值。

（4）断开各路熔断器，测试各路电压值均在指定范围内。

（5）切断控制柜电源和照明电源，将各路熔断器压实。

5. 无载模拟试运行　在电梯试运行前，通电检测后，应对控制电路进行无载模拟试车。

（1）从控制柜上将曳引电动机的电源线拆开，仅试验电梯电气控制程序。

（2）将电梯控制柜内的"自动/手动"开关设置在检修运行状态。

（3）根据检修操作程序观察控制柜内各元器件的动作是否正常以及顺序是否正确。

（4）将曳引绳从曳引轮上摘下，使轿厢和对重与曳引传动系统脱开，只令曳引机随操作程序而相应转动。

（5）曳引机空载运行是否良好（运行平稳无噪声），转向是否正确，制动器动作是否良好，闸瓦间隙是否在要求范围内。

6. 带负载运行

（1）无载模拟试运行合格后，将摘下的曳引电动机电源线接好并压实。采用摘绳法进行无载试运行时，注意按顺序挂好曳引绳。

（2）将吊起的轿厢放下，手动盘车使轿厢下行约 20 cm 的距离，将底坑对重下的支撑木撤走。

（3）手动盘车将电梯轿厢再向下移动一段距离。

（4）进入轿厢顶，在轿顶进行检修速度试运行（检修状态轿顶优先）。

（5）在检修状态下，点动上下按钮，使轿厢上下运行，确保方向一致。

（6）在检修状态下，使轿厢在井道内上下运行几趟，观察导靴与导轨、平层装置和感应器位置是否正确，轿顶急停开关、安全窗开关、安全钳开关、上限位开关、上极限开关动作是否可靠。

（7）检查底坑开关、下极限开关、下限位开关、限速绳断绳开关、油缓冲器开关动作是否正确可靠。其中，上下限位开关、上下极限开关的动作数据见表 4-13。

表 4-13　上下限位开关、上下极限开关的动作数据　　　　（单位：mm）

开关名称	电梯速度			
	0.5m/s	1m/s	1.5m/s	1.75m/s
上下限位开关	−30 ±15	−30 ±15	−30 ±15	−30 ±15
上下极限开关	−290 ±5	−290 ±5	−290 ±5	−290 ±5

（8）检查各层厅门地坎和轿厢地坎距离偏差是否符合要求。

（9）检查各层厅门地坎和轿厢开门刀的间隙是否符合要求，一般应为 5～8mm。检查厅门门轮与轿厢地坎的间隙是否符合要求，一般应为 5～8mm。

（11）检查各层厅门门锁机构动作是否符合要求。

7. 额定速度运行

（1）在机房，将电梯轿门关闭后，拆除门机电源熔断器。

（2）检查各层厅门均应关闭，门锁继电器闭合。

（3）确认电梯机房内的开关在检修状态，再将轿厢内和轿厢顶的各个开关都扳至自动运行状态。

（4）将控制柜上的检修开关扳至自动运行状态。

（5）在控制柜内反复选择电梯单层上下呼梯信号，观察电梯起动、运行、制动状况是否正常，尤其是在上下端站时必须试验单层呼梯运行信号。

（6）在控制柜内反复选择电梯多层上下呼梯信号，观察电梯起动、运行、制动状况是否正常。

8. 调整电梯的平层　调试人员在轿厢内操作电梯，调整电梯的平层达到厂家要求。国家标准对电梯平层精度的规定，见表 4-14。

表 4-14　电梯平层精度

电梯额定速度/（m/s）	平层度误差/（m/s）
2.0/2.5/3.0	±5
1.5/1.75	±15
0.75/1	±30
0.25/0.5	±15

9. 调整电梯开关门机构　调整并确保电梯开关机构达到规定要求。同时，检查与调整安全触板等保护设施。

10. 基本功能的确认

（1）按下轿厢内的每一指令按钮，除本层以外，其他层的按钮均应响应并点亮。

（2）电梯能准确停留在指令登记层平层、停车并自动开门，平层时能消去该层的指令响应灯。

（3）逐层检查层站外呼按钮，在电梯离开后，按下外呼按钮，其响应灯应点亮。

（4）电梯能响应同方向的外呼信号，在有同方向外呼信号时层站电梯能准确平层，同时消去该层外呼按钮响应灯，平层后能自动开门。

（5）在前方无任何外呼信号的条件下，电梯能响应逆向外呼信号。此时，在有逆向外呼信号的层站，电梯能够准确平层，同时，消去该层外呼响应灯信号，平层后能自动开门。

（6）本层开门功能有效。当电梯停留在某一层站时，按下该层站的外呼按钮，当按下的按钮与电梯运行的方向相同时，电梯会保持开门状态或变关门动作为开门动作。

（7）确认电梯轿厢内的开、关门按钮动作有效。

（8）超载试验。在轿厢逐渐增加负载，确认在负载增加到额定负载的110%时，电梯的超载保护装置起作用，超载蜂鸣器报警，轿厢不关门，当然也不能起动。

（9）静载试验。将轿厢停留在最底层平层位置，陆续平稳地加入负载，直至达到额定负载的150%，并历时10min，检查各承重构件应无损坏，曳引绳应无打滑现象，且制动可靠。

（10）运行试验。轿厢分别以空载、50%的额定负载和满载并在通电持续率为40%的情况下，往复上、下运行各90min，运行应平稳，制动应可靠。

（11）消防开关试验。将消防开关扳到消防状态，电梯在运行中应就近停车，但不开门，然后电梯直接返回基站，自动开门后不自动关门。试验人员进入轿厢内，按下目的楼层的指令按钮，并且保持到电梯关好门起动完毕。电梯到达目的楼层后，自动开门，但不自动关门。

4.1.11　电梯安装后检验试验工作

1. 检验工作　电梯由安装人员安装完毕调试运行后，应由电梯生产厂家的质检技术人员依据生产厂的电梯检验标准对该电梯进行检验。当然，电梯生产厂的电梯检验应执行《电梯制造与安装安全规范》（GB7588—2003）、《电梯试验方法》（GB10059—1997）、《电梯安装验收规范》（GB10060—1993）、《电梯工程施工质量验收规范》（GB50310—2002）等有关的国家标准。检验过程中要做一些必要的试验，将检测的结果、数据、检验处理意见填入"电梯安全检验报告书"中。有关安装人员应依据电梯安全检验报告书中的意见对电梯进行认真的整改并交质检人员进行复验。

下面为常见的一张"电梯安全检验报告书"，见表4-15。

2. 试验工作

（1）相序保护试验：将总供电电源断去一相，电梯应不能工作。将总供电电源两相互换，电梯也不能工作。

表 4-15　电梯安全检验报告书

编号：

使用单位：　　　　　生产厂家：　　　　　安装单位：

大修单位：　　　　　设备名称：　　　　　电梯型号：

额定载重：　　　　　曳引形式：　　　　　操作方式：

额定速度：　　　　　层站数：　　　　　　安装地址：

检验日期：　　　　　检验人：

项目	序号	检验内容与标准	检验结果
安全保护系统	1	动力电路的绝缘电阻大于 0.5MΩ	
	2	其他电路的绝缘电阻大于 0.25MΩ	
	3	各设备的接地电阻不大于 4Ω	
	4	工作零线与保护地线应始终分开	
	5	上下终端限位开关越程距离符合要求	
	6	上下终端极限开关越程距离符合要求	
	7	各急停开关有效，轿顶检修箱开关及按钮动作正确	
	8	各检修开关优先级别符合要求（轿顶检修优先）	
	9	轿门、层门、检修口关闭位置正常，其锁闭情况良好	
	10	各张紧装置的断绳开关与挡块间隙不小于 15mm，有效	
	11	安全门、安全窗、触板、光幕等正常有效	
	12	相序保护装置正常有效	
	13	热继电器及其他限电流装置选用合理，有效	
	14	满载、超载装置正常有效	
安全装置	1	各电源开关编号正确，标识张贴明显	
	2	盘车手轮、制动器扳手齐全并安放在指定位置	
	3	井道永久性照明符合要求	
	4	轿厢内应急照明、求救警铃或电话有效	
	5	机房地面孔洞及防水台符合要求	
	6	曳引轮、限速轮运行方向标识清晰完好	
	7	限速器张紧轮转动灵活，安全钳钳口与导轨间隙均匀	
	8	轿顶防护栏，底坑防护栅符合要求	
	9	轿厢护脚板完好	
	10	缓冲器位置正确，液压缓冲器油到位，其越程符合要求	
控制柜	1	各部位螺栓紧固，端子板线号齐全清晰	
	2	有关接触器机械联锁有效	
	3	各熔断器使用正确	
	4	元器件完好、齐全、有效	
	5	各指示灯指示正确	
	6	各电器触点清洁，无严重腐蚀	
	7	继电器、接触器等工作正常	

（续）

项目	序号	检验内容与标准	检验结果
曳引机	1	各钢丝绳无油污、硬弯、断丝、散股及畸变现象	
	2	各钢丝绳长度符合标准	
	3	绳头组合巴氏合金浇铸完好无裂痕，开口销完整无损	
	4	各曳引绳受力均匀，张力偏差小于5%	
曳引机	1	电动机运行温度、声音正常，油量、油质符合要求	
	2	减速箱运行温度、声音正常，油量、油质符合要求	
	3	电动机窜轴量小于4mm	
	4	制动器动作可靠，闸瓦与制动轮表面间隙小于0.7mm	
	5	减速箱齿轮间隙符合要求	
	6	发电机、直流电动机运行平稳无噪声	
	7	各部位螺栓紧固，无漏油、渗油现象	
	8	曳引轮，导向轮垂直度应小于1mm	
	9	导向轮与曳引轮平行偏差应小于1mm	
选层器	1	限速绳轮垂直度误差小于0.5mm，各部位螺栓紧固	
	2	选层器触点接触良好，随行电缆运行无障碍	
限速器	1	链条、变速箱润滑良好	
	2	限速器选层器安装的位置偏差为小于3mm	
导轨对重轿厢	1	导轨接头螺栓应齐全不松动	
	2	导轨间距应符合井道图样中的规定，其偏差应小于2mm	
	3	对重导轨间距偏差小于2mm	
	4	井道中导轨全长垂直偏差应小于7mm	
	5	对重块码放整齐稳固，压板牢靠	
	6	轿厢与各不运动部件间的距离应符合要求	
	7	门机系统运转平稳，噪声不超标准	
	8	轿门门刀与厅门滚轮间隙应均匀	
厅门	1	厅门下端与地坎的间隙为4~8mm	
	2	厅门滚轮与开门刀的啮合深度不小于5mm	
	3	厅门锁应是直接式电气机械联锁装置，其啮合深度不小于7mm	
	4	被动门应设开门	
	5	各层门应设计机械钥匙开锁装置，动作应灵活可靠	
	6	自动厅门应设置自动关门装置，动作应灵活可靠	

（2）闸车试验：将电梯轿厢停在上端站以下两层的位置，使电梯处于检修状态。一名试验人员工作在轿顶，令电梯检修下行。另一名试验人员工作在机房，将限速器钳块放下。此时限速器动作开关断开，电梯急停继电器释放使电梯停止运行。将限速器动作开关回路短接，急停继电器吸合。电梯继续检修下行，限速器钳口将限速绳钳住，限速绳拉动安全钳拉杆，拉杆动作使安全钳动作开关断开，急停继电器第二次释放，电梯停止运行。将安全钳动

作开关回路短接，急停继电器第二次吸合。电梯继续检修下行，直至曳引绳在曳引轮上打滑为止。轿厢被闸住后，轿厢地板的倾斜度不得超过水平位置的5%。

电梯检修上行时，应自动将安全钳提起。恢复安全钳动作开关和限速器动作开关，并将安全钳钳块提起。将限速器、安全钳动作开关回路的封线拆除。再使电梯检修上下运行几次，闸车试验结束。

（3）缓冲器试验：轿厢分别对对重缓冲器和轿厢缓冲器进行静压5 min，然后放松缓冲器，使其自动恢复到正常位置。液压缓冲器复位时间应不大于90s。

（4）厅门锁和轿门电气联锁装置试验：当厅门或轿厢门没有关闭时，操作电梯检修运行按钮，电梯不能起动。当轿厢运行时，将厅门或轿厢门打开，电梯应立即停止运行。

（5）超载试验：断开超载控制电路，电梯在110%额定负载下，通电持续率40%情况下运行30 min，电梯应能可靠地起动、运行和停止，制动可靠，曳引机工作正常。

（6）静载试验：将轿厢停在最底层平层位置，陆续平稳地加入负载，直至达到额定负载的150%（货梯200%的额定负载），经过10 min后各承重机件应完好无损坏，且曳引绳应无打滑现象，制动可靠。

（7）运行试验：轿厢分别以空载、50%的额定负载和满载并在通电持续率为40%的情况下，往复上、下运行各90 min，运行应平稳，制动应可靠，曳引机、电动机轴承温升应小于60℃。

（8）消防开关试验：将消防开关扳到消防状态，电梯在运行中应就近平层，但不开门。电梯直接返回基站，自动开门后不自动关门。试验人员进入轿厢内，按目的楼层指令按钮，并且保持到电梯关好门起动之后，电梯到达目的楼层后，自动开门，但不自动关门。

4.2 电梯保养工作

电梯保养工作的内容应依据各地区的相关管理条例而加以制定，下面列举出不同电梯、自动扶梯等日常保养工作项目、内容及要求，应以国家标准为准，并参考电梯生产厂家的相关规定。

4.2.1 乘客电梯、载货电梯日常维护保养项目、内容和要求

1. 半月维护保养项目、内容和要求 半月维护保养项目、内容和要求见表4-16。

表4-16 半月维护保养项目、内容和要求

序号	维护保养项目、内容	维护保养基本要求
1	机房、滑轮间环境	环境清洁，门窗完好，照明正常
2	手动紧急操作装置	装置齐全，并在指定位置
3	曳引机和电动机	运行时无异常振动和异常声
4	制动器各销轴部位	润滑良好，动作灵活
5	制动器间隙	打开时制动衬与制动轮不应发生摩擦
6	编码器	表面清洁，安装牢固
7	限速器各销轴部位	润滑良好，转动灵活，电气开关正常

（续）

序号	维护保养项目、内容	维护保养基本要求
8	轿顶	表面清洁，防护栏安全可靠
9	轿顶检修开关、急停开关	工作正常
10	导靴上油杯	吸油毛毡齐全，油量适宜，油杯无泄漏
11	对重块及压板	对重块无松动，压板紧固
12	井道照明	装置齐全，工作正常
13	轿厢照明、风扇、应急照明	工作正常
14	轿厢检修开关、急停开关	工作正常
15	轿内报警装置、对讲系统	工作正常
16	轿内显示、指令按钮	装置齐全，功能有效
17	轿门安全装置（安全触板、光幕、光电等）	功能有效
18	轿门门锁触点	表面清洁，触点接触良好，接线可靠
19	轿门在开启和关闭时	工作正常
20	轿厢平层精度	达到国家标准
21	层站召唤、层楼显示	装置齐全，功能有效
22	层门地坎	表面清洁
23	层门自动关门装置	工作正常
24	层门门锁自动复位	用层门钥匙打开手动开锁装置释放后，层门门锁能自动复位
25	层门门锁电器触点	表面清洁，触点接触良好，接线可靠
26	层门锁紧元件啮合长度	不小于 7mm
27	底坑环境	表面清洁，无渗水、积水，照明正常
28	底坑急停开关	工作正常

2. 季度维护保养项目、内容和要求　除包括半月维护保养项目、内容和要求外，还应当增加表 4-17 的项目、内容和要求。

表 4-17　季度维护保养增加的项目、内容和要求

序号	维护保养项目、内容	维护保养基本要求
1	减速箱	油量适宜，除蜗杆伸出端外均无渗漏
2	制动衬	清洁，磨损量不超过制造单位的规定
3	位置脉冲发生器	工作正常
4	选层器动静触点	表面清洁，无烧蚀
5	曳引轮槽、曳引钢丝绳	表面清洁，无严重油腻，张力均匀
6	限速器轮槽、限速器钢丝绳	表面清洁，无严重油腻
7	靴衬、滚轮	表面清洁，磨损量不超过制造单位的规定
8	验证轿门关闭的电气安全装置	工作正常
9	层门、轿门系统中传动钢丝绳、链条、胶带	按制造单位要求进行清洁、调整
10	层门门导靴	磨损量不超过制造厂家要求

（续）

序号	维护保养项目、内容	维护保养基本要求
11	消防开关	工作正常，功能有效
12	耗能缓冲器	电气安全装置功能有效，油量适宜，柱塞无锈蚀
13	限速器张紧轮装置和电气安全装置	工作正常

3. **半年维护保养项目、内容和要求** 除包括季度维护保养项目、内容和要求外，还应当增加表 4-18 的项目、内容和要求。

表 4-18 半年维护保养增加的项目、内容和要求

序号	维护保养项目、内容	维护保养基本要求
1	电动机与曳引机联轴器螺栓	无松动
2	曳引轮、导向轮轴承部	无异常声，无振动，润滑良好
3	制动器上检测开关	工作正常，制动器动作可靠
4	控制柜内各接线端子	各接线紧固、整齐，线号齐全清晰
5	控制柜各仪表	显示正确
6	井道、对重、轿顶各反绳轮轴承部	无异常声，无振动，润滑良好
7	曳引绳、补偿绳	磨损量、断丝数不超过检规要求
8	曳引绳绳头组合	螺母无松动
9	限速器钢丝绳	磨损量、断丝数不超过制造单位的规定
10	层门、轿门门扇	门扇各相关间隙符合国家标准
11	对重缓冲距	符合国家标准
12	补偿链（绳）与轿厢、对重链处	固定牢固，无松动
13	上下极限开关	工作正常

4. **年度维护保养项目、内容和要求** 除包括半年维护保养项目、内容和要求外，还应当增加表 4-19 的项目、内容和要求。

表 4-19 年度维护保养增加的项目、内容和要求

序号	维护保养项目、内容	维护保养基本要求
1	减速箱内齿轮油	按制造单位要求适时更换，保证油质符合要求
2	控制柜接触器，继电器触点	接触良好
3	制动器铁心（柱塞）分解检查	表面清洁，润滑良好
4	制动器制动弹簧压缩量	符合制造单位要求，保持有足够的制动力
5	导电回路绝缘性能测试	符合标准
6	上、下行限速器安全钳联动试验	工作正常
7	轿顶、轿厢架、轿门及附件安装螺栓	联连紧固，无松动
8	轿厢和对重导轨支架	固定牢靠、无松动
9	轿厢及对重导轨	表面清洁，压板牢固
10	随行电缆	无损伤
11	层门装置和地坎	无影响正常使用的变形，各安装螺栓紧固

（续）

序号	维护保养项目、内容	维护保养基本要求
12	轿厢称重装置试验	准确有效
13	安全钳钳座	固定牢靠，无松动
14	轿底各安装螺栓	联接紧固，无松动
15	缓冲器	固定牢靠，无松动

4.2.2 液压电梯日常维护保养项目、内容和要求

1. 半月维护保养项目、内容和要求　半月维护保养项目、内容和要求见表4-20。

表 4-20　半月维护保养项目、内容和要求

序号	维护保养项目、内容	维护保养基本要求
1	机房环境	环境清洁，室温符合要求，照明正常
2	机房内手动泵操作装置	装置齐全，在指定位置
3	检查油箱	油量、油温正常，无杂质、无漏油现象
4	电动机	运行时无异常振动和异常声
5	阀、泵、消音器、油管、表、接口等部件	无漏油现象
6	编码器	表面清洁，安装牢固
7	轿顶	表面清洁，防护栏安全可靠
8	轿顶检修开关、急停开关	工作正常
9	导靴上油杯	吸油毛毡齐全，油量适宜，油杯无泄漏
10	井道照明	装置齐全，工作正常
11	限速器各销轴部位	润滑、转动灵活；电气开关正常
12	轿厢照明、风扇、应急照明	工作正常
13	轿厢检修开关、急停开关	工作正常
14	轿内报警装置、对讲系统	工作正常
15	轿内显示、指令按钮	装置齐全，功能有效
16	轿门安全装置（安全触板、光幕、光电等）	功能有效
17	轿门门锁触点	表面清洁，触点接触良好，接线可靠
18	轿门在开启和关闭时	工作正常
19	轿厢平层精度	达到国家标准
20	层站召唤、层楼显示	装置齐全，功能有效
21	层门地坎	表面清洁
22	层门自动关门装置	工作正常
23	层门门锁自动复位	用层门钥匙打开手动开锁装置释放后，层门门锁能自动复位
24	层门门锁电器触点	表面清洁，触点接触良好，接线可靠
25	层门锁紧元件啮合长度	不小于7mm
26	底坑	表面清洁，无渗水、积水，照明正常

（续）

序号	维护保养项目、内容	维护保养基本要求
27	底坑急停开关	工作正常
28	液压柱塞	无漏油、运行顺畅，柱塞表面光滑
29	井道内液压油管、接口	无漏油

2. 季度维护保养项目、内容和要求　除包括半月维护保养项目、内容和要求外，还应当增加表 4-21 的项目、内容和要求。

表 4-21　季度维护保养增加的项目、内容和要求

序号	维护保养项目、内容	维护保养基本要求
1	安全溢流阀（在油泵与单向阀之间）	其工作压力不高于满负荷压力的 170%
2	手动下降阀	下降阀动作，轿厢能下降；系统压力小于该阀最小操作压力时，手动操作应无效
3	手动泵	通过手动泵动作，轿厢被提升。相连接的溢流阀工作压力不得高于满负荷压力的 2.3 倍
4	油温监控装置	功能可靠
5	限速器轮槽、限速器钢丝绳	表面清洁，无严重油腻
6	验证轿门关闭的电气安全装置	工作正常
7	轿厢侧靴衬、滚轮	磨损量不超过制造厂家要求
8	柱塞侧靴衬	表面清洁，磨损量不超过制造单位的规定
9	层门、轿门系统中传动钢丝绳、链条、胶带	按制造单位要求进行清洁、调整
10	层门门导靴	磨损量不超过制造单位的规定
11	消防开关	工作正常，功能有效
12	耗能缓冲器	电气安全装置功能有效，油量适宜，柱塞无锈蚀
13	限速器张紧轮装置和电气安全装置	工作正常

3. 半年维护保养项目、内容和要求　除包括季度维护保养项目、内容和要求外，还应当增加表 4-22 的项目、内容和要求。

表 4-22　半年维护保养增加的项目、内容和要求

序号	维护保养项目、内容	维护保养基本要求
1	控制柜内各接线端子	各接线紧固、整齐，线号齐全清晰
2	控制柜	各仪表显示正确
3	导向轮	轴承部无异常声
4	驱动钢丝绳	磨损量、断丝数不超过检规要求
5	驱动钢丝绳绳头组合	螺母无松动
6	限速器钢丝绳	磨损量、断丝数不超过制造单位的规定
7	柱塞限位装置	符合检规要求
8	上下极限开关	工作正常
9	放气操作	对柱塞、消音器进行放气操作

4. 年度维护保养项目、内容和要求　除包括半年维护保养项目、内容和要求外，还应

当增加表4-23的项目、内容和要求。

表4-23　年度维护保养增加的项目、内容和要求

序号	维护保养项目、内容	维护保养基本要求
1	控制柜接触器、继电器触点	接触良好
2	检查动力装置各安装螺栓	联接紧固
3	导电回路绝缘性能测试	符合国家标准
4	上、下行限速器安全钳联动试验	工作正常
5	随行电缆	无损伤
6	层门装置和地坎	无影响正常使用的变形，各安装螺栓紧固
7	轿顶、轿厢架、轿门及附件安装螺栓	联接紧固
8	轿厢称重装置试验	准确有效
9	安全钳钳座	固定牢靠、无松动
10	轿厢及液压缸导轨支架	牢固可靠
11	轿厢及液压缸导轨	清洁，压板牢固
12	轿底各安装螺栓	联接紧固
13	缓冲器	固定牢靠，无松动
14	轿厢沉降试验	符合要求

4.2.3　自动扶梯和自动人行道日常维护保养项目、内容和要求

1. 半月维护保养项目、内容和要求　半月维护保养项目、内容和要求见表4-24。

表4-24　半月维护保养项目、内容和要求

序号	维护保养项目、内容	维护保养基本要求
1	所有电器部件	接线有效，表面清洁
2	电子板	信号功能正常
3	杂物和垃圾	及时清扫，保持清洁
4	设备正常运行	没有异响和抖动
5	主驱动链	运转正常
6	制动机械装置	表面清洁，动作正常
7	制动检测开关	工作正常
8	制动触点	工作正常
9	减速箱油位、油量	应在油标尺上下极限位置之间，无渗油
10	电动机通风口	应清洁
11	检修控制装置	工作正常
12	自动润滑油罐油位	油位正常，润滑系统工作正常
13	梳齿板开关	工作正常
14	梳齿板照明	照明正常
15	梳齿板梳齿与踏板面齿槽、导向胶带	梳齿板完好无损，梳齿板梳齿与踏板面齿槽、导向胶带啮合正常

（续）

序号	维护保养项目、内容	维护保养基本要求
16	梯级或踏板下陷开关	工作正常
17	梯级链张紧开关	位置正确，动作正常
18	梯身上部三角挡板	功能有效，无破损
19	梯级滚轮和梯级导轨	工作正常
20	梯级、踏板与围裙板	梯级、踏板与围裙板任一侧水平间隙符合国家标准要求
21	运行方向显示	工作正常
22	扶手带入口处保护开关	动作灵活可靠，清除入口处垃圾
23	扶手带	表面无毛刺，无机械损伤，出口入处居中，运行无摩擦
24	扶手带运行	速度正常
25	扶手护壁板	牢固可靠
26	上下出入口处的照明	工作正常
27	上下出入口和扶梯之间保护栏	牢固可靠
28	出入口安全警示标志	安全警示标志齐全
29	分离机房、各驱动和转向站	应清洁无杂物
30	自动运行功能	工作正常
31	急停开关	工作正常

2. 季度维护保养项目、内容和要求　除包括半年维护保养项目、内容和要求外，还应当增加表4-25的维护保养项目、内容和要求。

表4-25　季度维护保养增加的项目、内容和要求

序号	维护保养项目、内容	维护保养基本要求
1	扶手带的运行速度	相对于梯级、踏板或胶带的速度允差为0%～+2%
2	梯级链张紧装置	工作正常
3	梯级轴衬	润滑有效
4	梯级链润滑	运行工况正常
5	防灌水保护装置	动作可靠（雨季到来之前必须完成）

3. 半年维护保养项目、内容和要求　除包括季度维护保养项目、内容和要求外，还应当增加表4-26的项目、内容和要求。

表4-26　半年维护保养增加的项目、内容和要求

序号	保养项目（内容）	保养基本要求
1	制动衬厚度	不应小于电梯制造企业规定的厚度值
2	主驱动链	表面油污清理和润滑
3	主驱动链链条滑块	应清洁，厚度不低于制造厂企业标准
4	空载向下运行制动距离	符合国家标准
5	制动机械装置	润滑有效
6	附加制动器	清洁和润滑，功能可靠
7	减速箱润滑油	更换，应符合制造单位的要求

（续）

序号	保养项目（内容）	保养基本要求
8	调整梳齿板梳齿与踏板面齿槽啮合深度和间隙	应符合国家标准
9	扶手带张紧度和张紧弹簧负荷长度	应符合国家标准
10	扶手带速度监控系统	工作正常
11	梯级踏板加热装置	功能正常，温度感应器接线牢固（冬季到来之前必须完成）

4. 年度维护保养项目、内容和要求　除包括半年维护保养项目、内容要求外，还应当增加表4-27的项目、内容和要求。

表4-27　年度维护保养增加的项目、内容和要求

序号	保养项目、内容	保养基本要求
1	检查与调整主接触器	工作可靠
2	主机速度检测功能	功能可靠，清洁感应面，感应间隙应符合制造单位的规定
3	电缆	无破损，固定牢固
4	扶手带托轮、滑轮、防静电轮	轮清洁，应无损伤，托轮转动平滑
5	扶手带内侧凸缘处	无损伤，扶手导轨滑动面清洁
6	扶手带断带保护开关	功能正常
7	扶手带导向块和导向轮	应清洁，工作正常
8	在进入梳齿板处的梯级与导轮的轴向窜动量	应符合制造单位的相关标准
9	内外盖板连接	紧密牢固，连接处的凸台、缝隙符合标准要求
10	围裙板安全开关	测试有效
11	围裙板对接处	紧密平滑
12	所有电气安全装置	动作可靠
13	设备运行	运行正常，无异常抖动，梯级运行平稳，无异响

4.2.4　电梯维护保养记录（见表4-28）

表4-28　电梯维护保养记录

编号：

使用单位			
使用地点			
设备代码		使用单位电梯编号	
制造单位			
电梯类别		电梯品种	
型号		产品编号	
额定载重量/kg		额定速度/（m/s）	
层/站		提升高度/m	
角度/（°）		梯级宽度/mm	

（续）

电梯维护保养单位				
单位负责人		联系电话		
维护保养类别	（半月、半年、季度、年度）	维护保养日期		年 月 日

维护保养项目、内容

序号	项目、内容	具体工作	备注

维护保养人员：　　　　　　　　　　　　日期：

使用单位意见：

　　　　　　　使用单位安全管理人员：　　　　　日期：

注：具体记录维护保养中的各项工作，包括更换零部件。

4.3　电梯安装维修实训

实训1　安全触板的调节

一、实训目的

通过对轿门安全触板的调节，充分了解轿门安全触板的结构（见图4-31）、调节方式、触动力的大小、动作过程及安全触板动作范围的要求。

二、实训步骤

认真检查轿门安全触板的动作灵活性、触动力的大小、动作范围等，若不符合要求，可用工具进行相应调节。

三、实训要求

1）轿门开门：轿门全开时，触板凸出轿门 10 ～ 15mm。

2）轿门关门：轿门全闭时，两凸板间隙为 2mm。

3）触板在关门过程凸出轿门的最大值 25 ～ 30mm。

4）触板推入 8mm，触板开关动作。

5）碰撞力适当，不大于 5N。

6）按要求检查。

实训时间：15min。

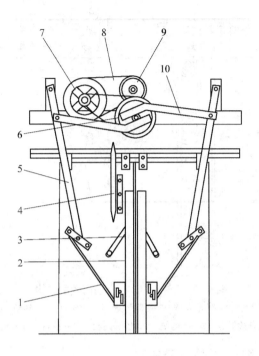

图 4-31 开关门机构安全触板的结构

1—触板拉杆 2—安全触板 3—触板活动板 4—开门刀 5—驱动杠杆
6—驱动轮 7—二级传动轮 8—V 带 9—开关门电动机 10—连杆

实训 2 自动门锁的安装及调节

一、实训目的

通过对 GS75—11 型自动门锁的安装、调整、测试，充分了解 GS75—11 型自动门锁的结构（见图 4-32）、调节方式、动作过程及 GS75—11 型自动门锁调整的重要性。

二、实训步骤

首先按要求进行安装，然后进行认真的调整，使各动作间隙符合规程的要求。

三、实训要求

1）层门钩子锁的正确安装。

2）层门锁啮合深度正确调节。

3）层门锁侧隙正确调节。

4）操作过程与结果要求如下：

① 操作时间：15min。

② 工具使用要正确。

③ 层门锁与开门刀位置要正确。

④ 考试时要回答啮合深度的意义。

⑤ 模拟关门。

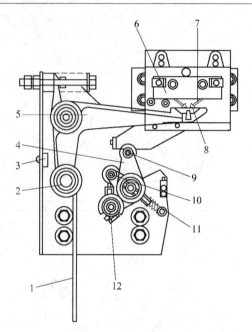

图 4-32　GS75—11 型自动门锁的结构

1—开门钥匙板　2—锁滚轮臂　3—限位块　4—滚轮座　5—锁壁　6—电开关
7—电开关触点　8—导电块　9、10—碰轮　11—拉簧　12—动滚轮

实训 3　曳引钢丝绳头的制作及安装

一、实训目的

通过对绳头的制作及安装，充分了解钢丝绳及绳头的结构、制作与安装方法，如图 4-33 所示。掌握钢丝绳的切割、绑扎以及巴氏合金的熔化与浇注方法。

二、实训步骤

1）根据钢丝绳头的制作要求，在绳端部进行绑扎，然后进行剪切，最后按要求对各部位进行绑扎。

2）分解绳股，逐个弯曲，并放入绳头件锥套内，按标准进行整理。

3）包好浇注巴氏合金的防漏护套。

三、实训要求

1）按提供的标准钢丝绳头来制作及安装绳头。各根钢丝绳的张力误差应不大于 5%。

2）钢丝绳头的安装应正确且完整。绳头端部与螺母之间的距离同标准绳头的误差不得超过 5mm。

3）安装好的钢丝绳头应堆放整齐。

4）绳头制作安装后不要进行二次修改。

5）实训时间为 30min。

实训 4　电磁制动器的调节

一、实训目的

通过对电磁制动器、闸瓦的调节，了解曳引机电磁制动器的结构（见图 4-34），掌握电

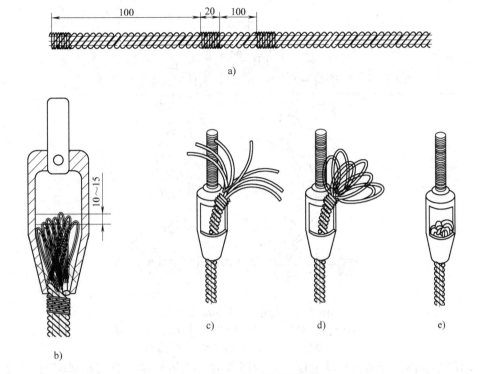

图 4-33　曳引钢丝绳头的制作及安装

a）绑扎及切割　b）绳股穿入锥形槽　c）分解绳股　d）弯曲绳股　e）整形

磁制动器按电梯规程要求进行调整的方法。

二、实训步骤

1）对电磁制动器进行组装。

2）按照要求对转轴、定位螺钉、弹簧等进行调节，使其达到规程标准。

三、实训要求

1）铁心间隙调节为 2～5mm。

2）制动器调节至规定要求。

3）制动闸瓦间隙调节至规定要求。

4）制动器闸瓦与制动轮接触面的调节，使接触面积不底于 80%。

5）动松闸装置调节至规定要求。

6）实训时间规定为 50min。

实训 5　曳引电动机轴同心度的调节

一、实训目的

通过对曳引电动机轴同心度的调节，熟悉指示表的使用，掌握电动机与被拖动设备传动用联轴器同心度的测量、调整，能使设备达到正常的标准。图 4-35 所示为电动机、曳引机工作示意图。

二、实训步骤

1）将指示表用固定支架固定牢固，转动电动机的转轴，察看指示表的指针摆动范围是

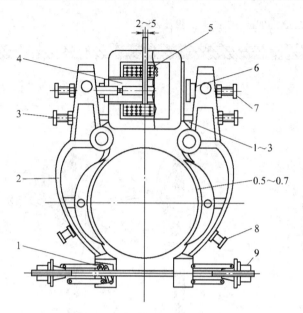

图4-34　曳引机电磁制动器的结构

1—弹簧　2—闸臂　3—限位螺钉　4—动铁心　5—线圈
6—锁母　7—转轴　8—定位螺钉　9—螺母

否在要求的范围内。若超出摆动范围，可转微移动（敲击）电动机的地脚基座，直至测量达到要求为止。

2）固定联轴器的螺栓和电动机的地脚螺栓。

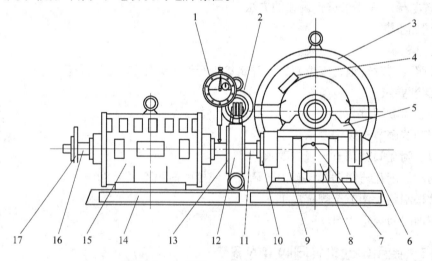

图4-35　电动机、曳引机工作示意图

1—指示表　2—制动器线圈　3—蜗轮曳引轮组件　4—观察油窗盖　5—减速箱盖　6—后门
头盖　7—油针　8—油箱盖　9—减速箱体　10—前门头　11—蜗轮轴　12—制动器臂
13—制动轮　14—曳引机底座　15—电动机　16—电动机轴　17—飞轮

实训6　零件图的测绘

一、实训目的

通过对零件的实际测量及绘制，熟悉测量零件和绘制零件图（见图4-36）的方法，掌握测量、标注尺寸、公差、形位公差及表面粗糙度等。

二、实训步骤

1）绘制视图。

2）标注尺寸标准及公差。

3）标注形位公差及表面粗糙度。

4）填写标题栏。

5）操作过程与结果。

三、实训要求

实训时间规定为50min。

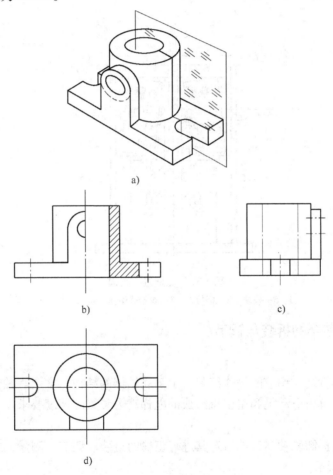

图4-36 零件图的测绘

a）立体图 b）正视图 c）左视图 d）俯视图

实训7 安全钳装置的调节

一、实训目的

通过对安全钳的调节，了解安全钳的结构（见图4-37）、调节方式、各部件之间间隙的要求。

二、实训步骤

1）对安全钳的楔块及其他机构进行调节、紧固。

2）对整体动作的灵活性进行调整，对两楔块动作的同步性进行调整，使其达到规程的标准。

三、实训要求

1）全钳楔块与导轨间隙的调节。

2）左右安全钳同步性的调节。

3）安全钳装置应工作正常，动作灵活。

4）实训时间规定为20min。

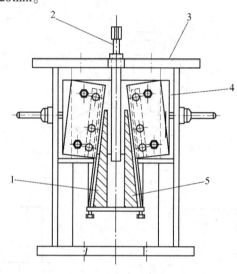

图 4-37　安全钳的结构

1、5—楔块　2—提拉杆　3—焊接式钳座　4—U 形板簧

实训 8　联轴器的拆装与调节

一、实训目的

通过联轴器的拆装与调节的操作练习，了解联轴器的结构，掌握联轴器同心度的调节方法和基本要求，了解由电动机和曳引机组成的电梯动力装置的精度要求。

二、实训步骤

用正确的工具拆卸联轴器，然后对其进行正确的组装、调节、测量，使其达到精度标准要求，如图 4-38 所示。

三、实训要求

1）工具的使用正确。

2）联轴器的拆卸。

3）联轴器的安装。

4）联轴器的调节、紧固。

5）操作过程与结果的检查、测量。

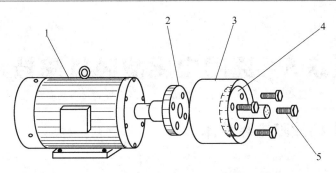

图 4-38 电动机、曳引机联轴器的连接
1—电动机 2、4—联轴器 3—曳引机制动轮 5—固定螺栓

实训 9 层门自闭装置的调节

一、实训目的

通过对层门自闭装置的调节操作练习，了解层门门扇的结构。通过对三角钥匙开关的安装与调节，掌握其同心度的调节方法和基本要求。

二、实训步骤

用正确的工具拆卸层门自闭装置，然后对其进行正确的组装、调节、测量，使其达到精度标准要求。

三、实训要求

1）层门与层门、层门与门扇的间隙不大于 6mm。

2）层门在其行程范围内无脱轨、卡阻或错位。

3）无论层门由于任何原因而被开启，在全行程内都应能确保层门自动关闭。中分门全部打开时，应以先打开的层门为基准，另一层门至门框边缘距离误差不超过 10mm。

4）在使用三角钥匙后，开锁装置应能自动恢复。

模块 5 通用电梯故障排除技术

5.1 继电器电梯故障排除技术

5.1.1 继电器电梯电路基础

1. 电梯电路的基本知识 电梯电路是用图形符号按工作顺序排列，详细地表示出电路中各种电气设备的基本组成和连接关系，不考虑其实际位置的一种简图。这里以 THJ—XH 交流双速信号控制货梯为例加以说明。

这种把一个元器件的不同部分用相应的图形符号在电路上分开布置，而在同一元器件分散于各个位置上的图形符号旁边注以相同的文字符号以便识别，但不考虑元器件的实际位置的表示法可以使电路布局清晰，便于理解作用原理，以及分析和计算电路特性。

文字符号的确定基本是根据其功能、名称的中文拼音简写而成。如：SC——上行接触器；XC——下行接触器。这种表述方法虽然和现行国家标准有一定差别，但是这种做法与生产实践相统一。敬请读者加以注意。

注意：电路上的图形符号都是按无电压、无外力作用的正常状态绘制的。

2. 整个电梯电路的分类 电梯电路可根据电流的大小、性质划分为三部分。

第一部分是拖动电路（主电路）部分，采用三相交流电源，为电力拖动系统中通过大电流的部分，主要包括电源开关、熔断器、接触器的主触头、热继电器的发热元件和电动机等。

第二部分是拖动控制电路部分，采用 220V 交流电源，包括上行接触器、下行接触器、快慢速接触器等。

第三部分是控制电路部分，对拖动电路进行辅助控制的电路，采用直流电源，包括各种控制电路、信号电路、保护电路及照明电路等。

5.1.2 继电器电梯电路原理

继电器电梯一般是信号控制的，具有接收梯外呼信号后，能自动定向、平层和开、关门的功能。

1. 主电路元件

（1）电动机。交流双速电梯一般选用 JTD（YTD）系列双速笼型三异异步电动机为曳引电动机。这种电动机的起动转矩大，起动电流小，能适应电梯起动、制动频繁和起动转矩大的需要。它的正常转速平稳，基本上不受负载转矩的影响，采用滑动轴承，噪声小，为了改善冷却条件，机身布有通风缝隙，所以通风性能良好，但电动机体积增大。定子上有两套独立的绕组，一套高速绕组，6 极，同步转速为 1000r/min；一套低速绕组，24 极，同步转速为 250r/min。转子制成双轴伸，一端接负载，通过联轴器与蜗杆联接。一端安装离心限速开关，也可以安装手轮，供停电时人工升、降轿厢之用，也可以安装飞轮，增大转动惯量，使电梯变速过程速度匀滑。

（2）电源开关。电源开关即极限开关，它是一个经过改装的封闭式负荷开关，安装在机房内。它具有 3 种功能：第一，通、断电源；第二，通过装在铁壳内的熔断器起到电梯总回路的短路保护作用；第三，当轿厢超越端站 150～200mm（极限位置）时，安装在轿厢内的上、下开关打扳，碰到安装在井道上、下端的极限开关碰轮，经钢丝绳拉动而使电源开关 GK 断开。

（3）热继电器。KRJ 是快速绕组热保护继电器；MRJ 是慢速绕组热保护继电器，装在控制屏上，它们是电动机的过载保护装置，当电动机的电流超过热继电器的整定电流值且达到 3min 时后开始动作，它们的常闭触头断开，以切断控制电路，使电梯停车，以免烧毁电动机。热继电器的常闭触头，动作之后必须手动复归，这也给我们提供了寻找故障原因的可靠依据。

热继电器 1JR 按所属电动机绕组的额定电流设定。当曳引电动机定子串接或电抗启动时，其起动电流一般限制在额定电流的 2.5～3.0 倍，此电流虽大于热继电器的整定电流，但很快即减小，热继电器不致于误动作。

电路中元件名称如下：

GK——电源开关　　　RD——熔断器　　　SC——上行接触器　　　XC——下行接触器

KC——快车接触器　　　MC——慢车接触器　　　1KC——加速接触器

1ZC——第一减速接触器　　　2ZC——第二减速接触器　　　XQ——电抗器

2. 主电路工作情况　如图 5-1 所示，电梯开始工作时，KC 吸合，接通快速绕组，SC（或 XC）吸合接通电源，电动机起动，为了限制起动电流，用电动机串联电抗器减压起动方式，即在定子快速绕组回路中串联起动电抗器 XQ，每相阻抗值约为 1.4Ω。起动初始阶段，全部阻抗投入起分压作用，使加在电动机定子绕组上的电压小于电源电压，从而减小起动电流；随着转速的提高，一般调节为 0.3s 时，1KC 吸合后，短接了部分 XQ，使电动机的电压等于电源电压，其转速也从零匀滑地上升到额定值，电动机起动结束，此后，电梯以额定速度运行。

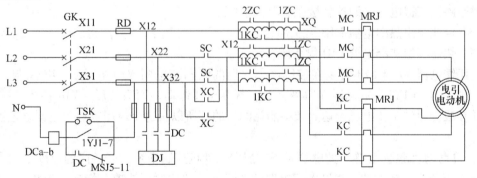

图 5-1　主电路

电梯到达指令设定楼层区域时，快速接触器 KC 释放。慢速接触器 MC 随之吸合，电动机由 6 极过渡到 24 极运行。根据电动机转速 $n = 60f/p$，此时，电动机的转速大于慢速绕组的同步转速，电动机进入再生发电制动状态运行。所谓再生发电制动，即此时电动机的电压大于电源电压，电动机的电流由电网输入变为向电网输出，并且由向电网吸取能量的电动机变为向电网输出能量的发电机，电动机的转矩也产生很大冲击力，将使乘客产生强烈的上浮或下沉感，也严重威胁电梯各部机械的安全。为此，在电动机慢速绕组串入限流电流电抗器XQ。它的串入既可降低变速时的电流，又可减小制动转矩，使电梯降速匀滑，改善电梯的工作条件及乘客的舒适感。经过 0.5 ~ 1s 后，减速接触器 1ZC、2ZC 分别吸合，XQ 被短接，电梯进入低速运行。转入 24 极的低速运转，一旦平层到位时，上行接触器 SC（或 XC）断开，电磁制动器开始工作，电梯停靠在指令设定的层站。

为了进一步提高轿厢在起动、制动过程中的速度平滑性，使其不受冲击转矩的显著影响，电梯在电动机轴伸上装有飞轮，以提高运动系统的总转动惯量，使电梯的速度变化在电动机转矩突变时有所缓和，从而提高舒适感。

3. 直流控制电源与门锁继电器电路　变压器输入 380V 交流电，并将其转变成 127V 交流电，经整流输出后得到 110V、3.5A 直流电。

其中，10RD、9RD（参见附录"交流双速电梯原理图"）用于短路保护，保护高电位和低电位输出，接线为 01（+）和 02（-）。门锁继电器 MSJ 吸合的条件是：

（1）轿门开关（JMK）处于正常闭合。

（2）所有厅门门锁开关（1TMK、2TMK、3TMK）处于正常闭合。

（3）若工作在检修状态，检修继电器 MJ 吸合，且按下应急按钮 MA。

4. 电压继电器电路　该回路又称为失电压保护电路。只有电梯具备了下列全部运行条件时，YJ 与 1YJ 线圈得电才吸合，YJ_{1-7} 触头、$1YJ_{6-12}$ 触头、$1YJ_{3-8}$ 触头闭合。

（1）在轿门的三角形电锁钥匙开关 NSK 接通。

（2）轿顶急停开关 DTK 闭合（DTK 安装在轿顶检修箱内，红色，专供维修人员使用，需要手动复位）。

（3）极限开关 ZSK 和 ZXK 闭合（ZSK 与 ZXK 作为极限开关，可以防止电气控制系统失灵、电梯冲顶或蹲底的安全设施）。

（4）轿内急停开关 JTK 接通。

（5）相序继电器 DJ 吸合，DJ_{5-6} 触头闭合（相序继电器 DJ 安装在控制屏，当电源断相或错相时断路，其得电与电源控制接触器 DC 有关）。

（6）慢速绕组热继电器 MRJ 触头闭合。

（7）快速绕组热继电器 KRJ 触头闭合。

电压继电器 YJ 与 1YJ 安装在控制屏，它们的线圈与电阻 YJR 相连，YJR 又与 YJ_{5-8} 相连，这样，YJ 与 1YJ 在起动时 YJR 被短接，线圈全压起动；而吸合后，YJR 接入，减小 YJ 与 1YJ 在吸合后的工作电压，达到减小能耗的目的。所以，这个电阻被称为电压继电器经济电阻。

5. 门电动机控制电路　此电梯采用直流门电动机控制系统，开关门的速度采用串并联电阻（电枢分流）的方法。对开关门电路的要求是：关门时，快速→慢速→停止；开门时，慢速→快速→停止。

该控制电路主要包括开关门继电器及门电动机电枢回路，门电动机的励磁绕组因其中流过的电流的大小和方向是不变的，所以省略。门电动机电枢电流方向的改变，使得电动机方向改变，实现开门和关门的功能；利用改变与电枢串、并联电阻的大小来改变电枢两端电压的大小，从而达到调速的功能。

其工作过程是：

（1）启动关门：按下关门按钮 GMA，关门继电器 GMJ_{a-b} 得电，并且自锁，门电动机的电枢电流的方向是：01（＋）→11RD→GMJ_{3-4}→KMJ_{16-15}→VD1→AR1→AR2→DM→GMJ_{5-6}→02（－）。

（2）启动开门：电梯到达指定的楼层，门区继电器线圈 FBJ_{4-9} 与换速继电器线圈 HSJ_{4-9} 将得电，FBJ_{1-7} 与 HSJ_{1-7} 吸合，开门继电器线圈 KMJ_{a-b} 得电，并且通过 KMJ_{1-2} 自锁，线圈电流的方向是：01（＋）→YJ_{1-7}→FBJ_{1-7}→HSJ_{1-7}→YXJ_{11-12}→GMJ_{12-11}→KMJ_{a-b}→KMK→02（－）。

开门到位开关 KMK 的作用是：电梯开门到位后断开线圈回路，是个行程开关。门电动机的电枢电流的方向与开门时电流的方向相反，改变电流的方向以达到改变直流电动机旋转方向，即

01（＋）→11RD→KMJ_{3-4}→GM_{16-15}→VD4→KJS→AR2→AR1→VD2→KMJ_{5-6}→02（－）。

分流线圈电流方向：GM_{16-15}→DM→AR2。

（3）手动开门：按下关门按钮 KMA，安全触板继电器线圈 APJ_{4-9} 得电，APJ_{10-5} 闭合，开门继电器 KMJ_{a-b} 得电，并且自锁，门电动机的电枢电流的方向与自动开门电流的方向相同，安全触板继电器线圈 APJ_{4-9} 得电自锁电路是：

01（＋）→YJ_{1-7}→YXJ_{15-16}→KMJ_{7-8}→APJ_{1-7}→APJ_{9-4}→02（－）。

（4）碰撞安全触板自动开门电流电路：01（＋）→YJ_{1-7}→YXJ_{15-16}→APK→APJ_{9-4}→02（－）。

6. 制动器线圈电路　当电动机停止转动时，制动器电磁铁线圈 ZCQ 无电流通过，两块铁心之间无吸引力，制动闸瓦在制动弹簧的压力下抱紧制动轮使电梯停止。当电梯启动，电动机通电时，电磁铁线圈同时接通电源使铁心吸合，带动制动臂克服弹簧力使闸瓦张开，因此电梯电动机不管处于高速、低速或变速运行状态，制动器线圈 ZCQ 都必须保持通电。

电梯正常运行时，制动器电磁铁线圈的电流方向是：

01（＋）→SC_{1-2}（或 XC_{1-2}）→KC_{53-54}（或 MC_{53-54} 或 KJ_{3-8}）→ZR→ZCQ→02（－）。

启动时，电阻 ZR 被 1 KC_{61-62} 和 $1ZC_{61-62}$ 短接，ZCQ 以全电压吸合松闸。

ZR 的作用是：正常运行时，串入电梯制动器电磁铁线圈回路，使 ZCQ 的电流减小，从而降低能耗，称为经济电阻。

我们知道，电磁线圈是一个电感。电感在断路瞬间将产生一个很大的反电动势，这将严重威胁电路的安全。为此，在 ZCQ 两端并联了一个放电电阻 ZFR，这样便在 ZCQ 断路瞬间提供了一个放电通路。

7. 运行继电器电路　不论电梯是上行还是下行，上行接触器 SC_{1-2}（或下行接触器 XC_{1-2}）闭合，运行继电器线圈 YXJ_{a-b} 得电，通过对其触点的控制，为电梯的正常运行做好准备。

8. 厅外召唤指令的登记与消除电路　每一层楼的厅门侧面都设有一个召唤按钮箱，为乘客召唤电梯用。顶层只设有一个下行召唤按钮，底层（也叫基层）只设有一个上行召唤按钮和电锁钥匙开关 TSK，其余各层均有一个上行召唤按钮和一个下行召唤按钮。每个按钮控制着一个对应的继电器。

其中，1SA、2SA 为上行召唤按钮；2XA、3XA 为下行召唤按钮；1SR、2SR、2XR、3XR 是上、下行召唤回路的消号电阻；在消号时起限制消号电流的作用，防止消号时电路

断路，如图 5-2 所示。这部分电路可以实现以下功能：

1）电路可以达到：顺向停车消号，逆向不消号，换向一概消号。

2）指令的登记：若 3 楼有乘客按 3XA，3XJ 线圈得电并自锁，信号电路中 $3XJ_{5-10}$ 闭合，3NXD 轿内下召指示灯与 3TXA 厅外下召指示灯发亮。其余楼层类同。

3）指令的消除：若电梯到达 3 楼，3 楼层楼继电器 $3LJ_{6-12}$ 闭合，此时 SFJ_{11-12}、KJ_{5-11} 闭合，3XJ 线圈失电。其余楼层类同。

注意：3XJ、2SJ、2XJ、1SJ 厅外上、下呼指令继电器的触点在信号电路中得到运用。

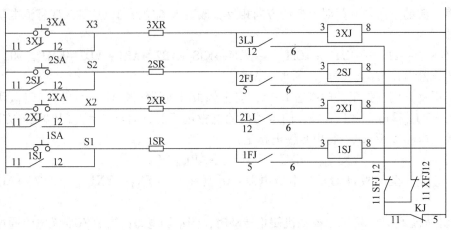

图 5-2　厅外召唤指令的登记与消除电路

9. **自动平层电路**　包括上平层继电器、开门区域控制继电器、下平层继电器回路。装在轿厢顶的 3 个干簧感应器分别接有上平层 SPJ、开门区域 FBJ、下平层 XPJ 继电器。电梯进入平层区域，上平层、开门区域、下平层 3 个干簧感应器的触点闭合，接通上平层 SPJ、开门区域 FBJ、下平层 XPJ 继电器回路。

上平层 SPJ、开门区域 FBJ、下平层 XPJ 继电器触点在主电路、控制电路中用于电梯上下行接触器的控制。

干簧感应器的结构与工作原理是：平时，干簧管的触点与磁铁构成磁的通路，此时干簧管的触点处于开路状态；当隔磁板插入干簧感应器时，磁铁的磁路被隔磁板短接，磁力线不再经过干簧管的触点，所以，其触点复位接通。

10. **轿厢位置控制电路**　当电梯的轿厢在 1 楼或 2 楼或 3 楼时，带有干簧感应器的层楼感应器 1LG 或 2LG 或 3LG 分别接通各自的层楼继电器，$1LJ_{4-9}$、$2LJ_{4-9}$、$3LJ_{4-9}$ 得电吸合。于是，1LJ、2LJ、3LJ 层楼继电器的触点在层楼指示继电器回路、换速与停车保持继电器回路中得到运用。

11. **层楼指示辅助继电器电路**　亦称为层楼辅助继电器，用于增补层楼继电器触点。

（1）当电梯在 3 楼，$3LJ_{4-9}$ 得电吸合，$3LJ_{3-8}$ 闭合，层楼指示继电器线圈 $3FJ_{a-b}$ 的得电回路是：

$$01（+）\rightarrow 3LJ_{3-8}\rightarrow 3FJ_{a-b}\rightarrow 2LJ_{2-8}\rightarrow 02（-）$$

于是，$3FJ_{9-10}$ 使线圈自锁得电，电梯在 3 楼时肯定不在 2 楼，$2LJ_{2-8}$ 一定是常态。

当电梯在 2 楼时，$2LJ_{2-8}$ 处于断开状态，$3FJ_{a-b}$ 失电，起到消除 3 楼信号的作用。

（2）当电梯在 2 楼，$2LJ_{4-9}$ 得电吸合，$2LJ_{3-8}$ 闭合，层楼指示继电器线圈 $2FJ_{a-b}$ 的得电回路是：

01（＋）$\rightarrow 3LJ_{8-2} \rightarrow 1LJ_{8-2} \rightarrow 2FJ_{a-b} \rightarrow 2FJ_{9-10} \rightarrow 02$（－）

$2FJ_{9-10}$ 使线圈自锁得电，电梯在 2 楼时肯定不在 3 楼，也肯定不在 1 楼，$3LJ_{8-2}$、$1LJ_{8-2}$ 一定是常态。

当电梯在 1 或 3 楼时，$3LJ_{8-2}$ 或 $1LJ_{8-2}$ 处于断开状态，$2FJ_{a-b}$ 失电，起到消除 2 楼信号的作用。

（3）当电梯在 1 楼，$1LJ_{4-9}$ 得电吸合，$1LJ_{3-8}$ 闭合，层楼指示继电器线圈 $1FJ_{a-b}$ 的得电回路是：

01（＋）$\rightarrow 1LJ_{12-6} \rightarrow 1FJ_{a-b} \rightarrow 2LJ_{2-8} \rightarrow 02$（－）

于是 $1FJ_{9-10}$ 使线圈自锁得电，电梯在 1 楼时肯定不在 2 楼，$2LJ_{2-8}$ 一定是常态。

当电梯在 2 楼时，$2LJ_{2-8}$ 处于断开状态，$1FJ_{a-b}$ 失电，起到消除 1 楼信号的作用。

层楼指示继电器线圈 1FJ、2FJ、$3FJ_{a-b}$ 得电，其触点在楼层数码显示信号电路、轿厢指令控制电路、上、下定向控制电路中得到运用。

12. **指令控制电路**　在分析轿厢指令控制电路之前，对检修继电器电路作一个说明：不论是轿厢检修开关 MK1 还是轿顶检修开关 MK2，都使得检修继电器 MJ_{a-b} 得电，使电梯进入检修运行状态。

处于检修运行状态的电梯，其触点在门锁继电器电路与主电路及控制电路中得到运用。检修继电器 MJ_{a-b} 得电，MJ_{11-12} 断开，轿厢指令电路不能得电，电梯轿厢指令失效。

处于正常运行状态的电梯，按下轿内指令按钮 1~3NA 中的任何一个，均使轿内指令继电器线圈 1~3NJ 得电，即

01（＋）$\rightarrow YJ_{1-7} \rightarrow 03 \rightarrow MK_1 \rightarrow MJ_{11-12} \rightarrow 06 \rightarrow 3NA \rightarrow 3FJ_{14-13} \rightarrow 3NJ_{4-9} \rightarrow 02$（－）

当电梯到达 3 楼，层楼指示继电器线圈 $3FJ_{a-b}$ 得电，其触点 $3FJ_{14-13}$ 断开，轿厢指令消除。$3NJ_{1-7}$ 使线圈自锁得电。

13. **上、下定向控制电路**　处于检修运行状态的电梯，按轿内慢下按钮 NXA、轿内慢上按钮 NSA，电梯处于检修速度上、下定向运行；同样，按轿顶慢下按钮 DXA、轿顶慢上按钮 DSA，电梯处于检修速度上、下定向运行，如图 5-3 所示。

处于正常运行状态的电梯，假设电梯在 1 楼，司机（或乘客）按下 2 楼（或 3 楼）指令，电梯应定向上行，上方向继电器 SFJ_{a-b} 得电，即

01（＋）$\rightarrow YJ_{1-7} \rightarrow 03 \rightarrow MK_1 \rightarrow MJ_{11-12} \rightarrow 06 \rightarrow 2NJ_{5-10} \rightarrow 2FJ_{15-16} \rightarrow 3FJ_{11-12} \rightarrow 3FJ_{15-16} \rightarrow XC_{21-22} \rightarrow XFJ_{9-10} \rightarrow SFJ_{a-b} \rightarrow 02$（－）

假设电梯在 3 楼，司机（或乘客）按下 2 楼（或 1 楼）指

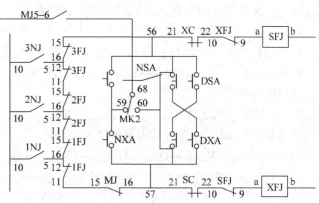

图 5-3　上、下定向控制电路

中级电梯安装维修工技能实战训练

令，电梯应定向下行，下方向继电器 XFJ_{a-b} 得电，即

$01（+）\rightarrow YJ_{1-7}\rightarrow 03\rightarrow MK_1\rightarrow MJ_{11-12}\rightarrow 06\rightarrow 2NJ_{5-10}\rightarrow 2FJ_{11-12}\rightarrow 1FJ_{15-16}\rightarrow 1FJ_{11-12}\rightarrow MJ_{15-16}\rightarrow$
$SC_{21-22}\rightarrow SFJ_{9-10}\rightarrow XFJ_{a-b}\rightarrow 02（-）$

其中，XC_{21-22}、SC_{21-22}、XFJ_{9-10}、SFJ_{9-10} 起到安全互锁作用。

14. 换速与停车保持继电器电路　当电梯到达指定的楼层并且得到轿厢指令的条件下，换速继电器 HSJ_{9-4} 得电，HSJ_{6-12} 闭合自锁，假设电梯在 2 楼并且 2 楼轿内指令 $2NJ_{6-12}$ 闭合，则有

$06\rightarrow 2NJ_{6-12}\rightarrow 2LJ_{1-7}\rightarrow TBJ_{6-12}\rightarrow HSJ_{9-4}\rightarrow 02（-）$

当电梯开始运行，即电梯不在任何一楼层，停车保持继电器 TBJ_{9-4} 吸合，TBJ_{1-7} 闭合自锁，TBJ_{6-12} 用于换速继电器得电电路。

当电梯处于开门状态，轿门开关（1JMK）或厅门开关（1TMK、2TMK、3TMK）没有闭合，则门锁继电器 MSJ_{9-4} 断开，停车保持继电器 TBJ_{9-4} 不能得电。

15. 起动继电器电路　电梯接到指令定向成功，不论是上行还是下行，起动继电器线圈 QJ_{a-b} 得电，其上行电路是：

$06\rightarrow SHK\rightarrow SFJ_{1-2}\rightarrow MSJ_{1-7}\rightarrow HSJ_{8-2}\rightarrow QJ_{a-b}\rightarrow 02（-）$

其下行电路是：

$06\rightarrow XHK\rightarrow XFJ_{1-2}\rightarrow MSJ_{1-7}\rightarrow HSJ_{8-2}\rightarrow QJ_{a-b}\rightarrow 02（-）$

其中，上强迫换速开关 SHK、下强迫换速开关 XHK 安装在上、下端站井道内。当轿厢运行至停层隔磁板插入顶楼或底楼停层感应器时，若电梯不能停层减速，且继续前行 50mm，于是安装在轿厢顶、底侧的开关打板将拨动 SHK 或 XHK，切断起动继电器线圈回路。

起动继电器线圈的得电与否是电梯故障检修的重要标志之一。

16. 拖动控制电路　亦称为拖动系统控制电路。是由 7 个交流接触器组成的控制电路。因为接触器线圈的容量比一般继电器大，所以采用交流控制，其交流电源 220V 取至公用控制变压器。

电梯具备相应的安全条件时，1YJ 吸合，$1YJ_{6-12}$ 闭合；所有厅门及轿厢门关门到位时，门锁继电器 MSJ_{9-4} 吸合，MSJ_{3-8} 闭合。

处于正常运行状态的电梯，起动继电器线圈 QJ_{a-b} 得电，QJ_{1-2} 闭合，快车过渡继电器 KJ_{4-9} 得电；快车过渡继电器是时间继电器，其触点 KJ_{1-7}、KJ_{6-12} 瞬时闭合延时断开。

假设电梯向上行驶，从 1 楼开始运行至 3 楼，工作过程如下：

（1）运行开始，上行接触器 SC_{a-b} 吸合，其得电电路为

$XB4\rightarrow 1YJ_{6-12}\rightarrow KJ_{1-7}\rightarrow QJ_{7-8}\rightarrow SFJ_{6-5}\rightarrow XFJ_{13-14}\rightarrow XC_{21-22}\rightarrow SC_{a-b}\rightarrow SDK\rightarrow MSJ_{3-8}\rightarrow XB_5$

其自锁电路为

$XB4\rightarrow 1YJ_{6-12}\rightarrow KJ_{6-12}\rightarrow SC_{53-54}\rightarrow XFJ_{13-14}\rightarrow XC_{21-22}\rightarrow SC_{a-b}\rightarrow SDK\rightarrow MSJ_{3-8}\rightarrow XB5$

快速接触器 KC_{a-b} 吸合，其得电电路为

$XB4\rightarrow 1YJ_{6-12}\rightarrow MJ_{13-14}\rightarrow QJ_{5-6}\rightarrow MC_{21-22}\rightarrow KC_{a-b}\rightarrow MSJ_{3-8}\rightarrow XB5$

（2）快车加速期间，快车加速接触器 $1KC_{a-b}$ 吸合，其得电电路为

$XB4\rightarrow 1YJ_{6-12}\rightarrow KC_{13-14}\rightarrow 1KSJ_{2-8}\rightarrow 1KC_{a-b}\rightarrow XB5$

快车加速继电器 1KSJ 是断电延时时间继电器，当运行继电器 YXJ_{a-b} 吸合，其触点

152

YXJ_{9-10} 断开，1KSJ 开始延时，$1KSJ_{2-8}$ 瞬时断开延时闭合，延时时间为快车加速时间。此后，电梯进入正常速度运行。

（3）当电梯到达指定的 3 楼，换速继电器 HSJ_{9-4} 得电，HSJ_{8-2} 断开；上行方向继电器 SFJ_{a-b} 同时断电，SFJ_{1-2} 使起动继电器线圈 QJ_{a-b} 断电：其触点 QJ_{1-2} 断开，KJ 开始延时，KJ_{6-12} 延时断开；其触点 QJ_{6-5} 断开，快速接触器 KC_{a-b} 断开，KC_{21-22} 恢复闭合，KC_{13-14} 恢复断开，快速接触器 $1KC_{a-b}$ 断开，$1KC_{21-22}$ 恢复闭合，当电梯上平层继电路 SPJ_{9-4} 得电时，上行接触器 SC_{a-b} 吸合，其得电电路为

$XB4 \rightarrow 1YJ_{6-12} \rightarrow MJ_{13-14} \rightarrow KC_{21-22} \rightarrow XPJ_{8-2} \rightarrow QJ_{16-15} \rightarrow SPJ_{8-3} \rightarrow XFJ_{13-14} \rightarrow XC_{21-22} \rightarrow SC_{a-b} \rightarrow SDK \rightarrow MSJ_{3-8} \rightarrow XB5$

慢速接触器 MC_{a-b} 吸合，其得电路为

$XB4 \rightarrow 1YJ_{6-12} \rightarrow SC_{13-14} \rightarrow QJ_{14-13} \rightarrow KC_{61-62} \rightarrow 1KC_{21-22} \rightarrow MC_{a-b} \rightarrow MSJ_{3-8} \rightarrow XB5$

慢速接触器 MC_{a-b} 吸合，MC_{61-62} 断开，慢车第一制动继电器 $1ZSJ_{9-4}$ 断开延时，$1ZSJ_{8-2}$ 延时闭合，慢车第一制动接触器 $1ZC_{a-b}$ 吸合，其得电电路为

$XB4 \rightarrow 1YJ_{6-12} \rightarrow MC_{13-14} \rightarrow 1ZSJ_{8-2} \rightarrow 1ZC_{a-b} \rightarrow XB5$

慢车第一制动接触器 $1ZC_{a-b}$ 吸合，$1ZC_{21-22}$ 断开，慢车第二制动继电器 $2ZSJ_{9-4}$ 断开延时，$2ZSJ_{8-2}$ 延时闭合，慢车第二制动接触器 $2ZC_{a-b}$ 吸合，其得电电路为

$XB4 \rightarrow 1YJ_{6-12} \rightarrow MC_{13-14} \rightarrow 2ZSJ_{8-2} \rightarrow 2ZC_{a-b} \rightarrow XB5$

当电梯下平层 XPJ_{9-4} 得电时，上行接触器 SC_{a-b} 失电，SC_{1-2} 断开，制动器电磁铁线圈失电，电梯制动器开始制动。

电梯向下行驶，从 3 楼开始运行至 1 楼时电梯的运行状态可依此进行分析。

17. 信号系统　信号系统采用直流 24V 电源，7RD、8RD 在电路起短路保护作用。

（1）轿厢指令登记显示信号：当在轿厢接收到按钮指令后，1NJ 或 2NJ 或 3NJ 继电器线圈得电，$1NJ_{8-3}$ 或 $2NJ_{8-3}$ 或 $3NJ_{8-3}$ 继电器触点闭合，1ND 或 2ND 或 3ND 轿内指令指示灯亮，当电梯到达指定的楼层后消号，指示灯熄灭。

其中 1NR、2NR、3NR 起限制电流的作用。

（2）厅外召唤显示信号：当电梯厅外有召唤指令时，其召唤指令继电器线圈将得电，如在 2 楼召唤上行，则 $2SJ_{10-5}$ 触点闭合，厅外上召指示灯 2TSD 及轿内上召指示灯 2NSD 亮，一个在厅外显示，一个在轿内显示，当电梯同方向到达指定的楼层后消号，指示灯熄灭。

其中串联的电阻起限制电流的作用。

（3）上、下方向显示信号：当电梯确定运行方向后，上、下方向继电器 SFJ_{a-b}、XFJ_{a-b} 得电，其触点闭合，使 4 个发光二极管亮，指示方向。

若电梯上行，则上方向继电器 SFJ_{7-8} 触点闭合，4 个发光二极管亮，指示向上。

（4）楼层数码显示信号：由于七段数码管是由 A、B、C、D、E、F、G 七段组成。如电梯在 1 楼时，1FJ 吸合，通过译码电路板使数码管的 B 段与 C 段二极管点亮，数码显示"1"，其余依次类推。

5.2　自动扶梯故障排除技术

自动扶梯是连续运行的，不像电梯那样经常处在起动、变速、制停和换向等多种运行状

态，所以其电路比较简单。

现以杭州西子电梯厂生产的 FT-1000 型自动扶梯为例，简单介绍如下：FT 型自动扶梯是组合式样，采用链传动，具有结构紧凑、运行平稳、安装和维修方便等优点。它的梯级宽度有 600mm、800mm 和 1000mm 三种，运行速度通常为 0.5m/s，输送能力可达 9000 人/h。

1. 主电路　图 5-4 所示为自动扶梯的主电路。图中，QS 为隔离开关，供通、断电源及维修之用，熔断器 FU 是短路保护元件；QF 为断路器，也可以用作通、断电源，并起到短路和过载保护作用；相位继电器 JXW 在电源断相或相序相反时动作，切断控制电源，使电梯制停（或开不出）；SC 和 XC 是上下行接触器；热继电器 JR 是过载保护元件；曳引电动机 DY 是单速交流电动机，它的绕组有 6 个接头分别与星形起动接触器 J丫C 和三角形运行接触器 J△C 相连接。

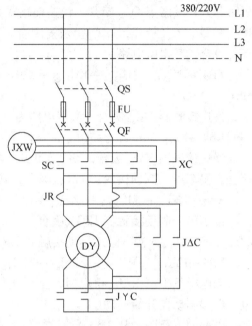

图 5-4　主电路图

为了减小起动电流，曳引电动机采用丫-△起动，当 SC（或 XC）与 J丫C 吸合时，电动机三相绕组尾端被 J丫C 的触头短接为一点（即电动机的中性点），而三相绕组的首端则通过 SC（或 XC）与电源的相线连接，这时加在电动机绕组上的电压是电源的相电压，是线电压的 $1/\sqrt{3}$，且线电流等于相电流。所以，起动电流减小到如果采用三角形联结直接起动时的 1/3，虽然它的起动转矩也因此减小三角形联结时的 1/3。但是，自动扶梯在起动时是不准有乘客乘梯的，应空载起动，起动转矩的减小正好使扶梯起动时减小冲击。当电动机的转速接近正常值时，J丫C 切断，电动机有一个短暂的失电时间，在这段时间里，电动机靠惯性按原旋转方向旋转，随之 J△C 吸合，电动机按三角形接法与电源相连接。加在电动机每相绕组上的电压是电源的线电压，而线电流又是相电流的 $\sqrt{3}$ 倍，电动机按额定参数运行，自动扶梯即可投入使用。

2. 控制电路

（1）控制电源。控制电源由控制变压器供给，变压器共有三组二次绕组：一组交流 220V，供给各接触器及电铃的工作电源；一组交流 6.3V，专供信号系统应用；另一组经过整流提供直流 110V 控制电源。

图 5-5 所示为自动扶梯的控制电路，由图可见，整流器的输出端串联两个操作按钮：上端停车按钮 STA 和下端停车按钮 XTA，它们分别安装在上、下端操纵箱内（上、下端操纵箱装在扶梯上、下口处的围裙板上）。一经操作，即切断控制电源，使扶梯停止运行。

在整流器的输出端还串联有 17 个安全触头。它们分别是：

1）左上出入口安全开关 1CHK、右上出入口安全开关 2CHK、左下出入口安全开关 3CHK 和右下出入口开关 4CHK，这 4 个安全开关的触头正常时闭合，当乘客在上、下出入口发现扎手或出入口被阻塞时断开，用以切断控制电路。

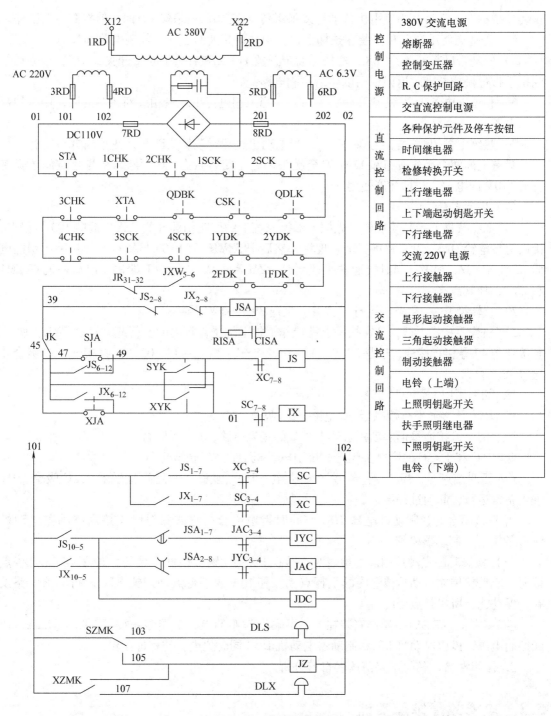

图 5-5　自动扶梯控制电路

2）左上梳齿板安全开关 1SCK、右上梳齿板安全开关 2SCK、左下梳齿板安全开关 3SCK 和右下梳齿板开关 4SCK，这 4 个安全开关的触头正常时闭合，当梳齿板被乘客的脚或鞋等杂物挤压时断开，用以切断控制电路。

3）左曳引链断链开关 1YDK、右曳引链断链开关 2YDK 和驱动链断链开关 QDLK，它们安装在扶梯上、下口，当曳引机传动链或梯级传动链过松或断落时返回，使控制电路断路。

4）超速安全开关 SCK 安装在扶梯上口，当扶梯超速时返回，控制电路即失电。

5）驱动带断带开关 QDBK、左扶手断带开关 1FDK 和右扶手断带开关 2FDK，当驱动带或扶手带过松或断带时返回，用以切断控制电路。

6）相位继电器 JXW 的常开触头 JXW_{5-6}，当三相电源出现错相或断相时返回，用以切断控制电源。

7）热继电器 JR 的常闭触头 JR_{31-32}，当电动机过载时该触头断开，使控制电路失电。

只有上列两个操作按钮和 17 个安全触头都处于闭合状态，01 号和 39 号接点间才具有直流 110V 的电位，扶梯才能使用。

（2）起动控制。

1）如在扶梯上端起动扶梯，先把上端操纵箱上的照明钥匙开关 SZMK 扳向 103 号接点，接通上端电铃 DLS，发出铃声，清理现场；然后把 SZMK 扳向 105 号接点，使扶手照明继电器 JZ 吸合，JZ_{2-4} 和 JZ_{6-8} 同时接通扶手照明灯 RZM 和 LZM 及上、下端进、出口照明灯 ZM1 和 ZM2，使其点亮。

2）置转换开关 JK 于"运行"位置，接通 39 号和 47 号接点。

3）如若要扶梯上行，且在扶梯上端操作，扳上端操作箱内的上行起动开关 SYK，使 47 号接点与 49 号接点接通，于是 39（+）→JK→SYK→XC_{7-8}→JS→02（-）接通，JS 吸合并通过 JS_{6-12} 自保。

JS_{8-2} 切断了时间继电器 JSA，JSA 开始计时。

JS_{7-1} 闭合，接通上行接触器 SC 电路，SC 吸合。

JS_{10-5} 闭合，接通星形起动接触器 J丫C 的励磁电路，J丫C 吸合。

此时 SC 和 J丫C 的主触头闭合，曳引电动机 DY 按丫联结起动。

JSA 延时结束时，JSA_{1-7} 断开，J丫C 失电；JSA_{2-8} 复归，△运行接触器 J△C 吸合，DY 进入正常运行，起动过程结束。

当 JS_{10-5} 闭合时，制动继电器 JDC 亦同时得电吸合，它的三对触头接通制动器电动机 DQZ 的电源，制动器松闸。

（3）检修时的点动控制。 检修时，转换开关 JK 置"检修"位置，39 号与 45 号接点接通，起动扶梯靠点动检修盒内的上行点动按钮 SJA 或下行点动按钮 XJA 进行。该电路没有自保功能，所以是点动的。

（4）停梯。停梯时，操作安装在上、下端操作箱的上、下端停止按钮 STA 或 XTA，切断控制电源，曳引电动机 DY 和制动器电动机 DQZ 同时失电，扶梯即制停。

3. 信号电路 信号电路请读者自行分析。

5.3 电梯故障排除实训

实训 1 继电器电梯故障排除

一、实训目的

1）根据 THJ-XH 继电器模拟电梯电路，对故障现象进行针对性分析。

2）熟悉使用"电压法"、"电阻法"进行控制电路断点的查找。

二、实训内容

根据电梯运行工作原理，按步骤进行操作，出现故障后，能够用万用表进行查找；故障确定后，使用导线将其短接，使电路按正常动作顺序工作，直至电梯能正常工作为止。在 15min 内判断 7 个故障点，并将所判断的故障点填入表 5-1 中。

表 5-1 实训评分

故障顺序	故障分析	故 障 点
1		
2		
3		
4		
5		
6		
7		
8		
9		
10		

三、实训步骤

在此电路中，一般情况下故障点应设置为断点，所以此时可以采用以下步骤：

1）电压法：测量正常时无电压降的电路，若测试有电压，说明电路中有断点。

2）电阻法：测量正常时为通路的电路，电阻很小，若电阻较大，说明电路中有断点。

3）断点确认后，使用短接线将其短接，使电梯按控制程序运行。

四、实训举例

（1）故障现象　电梯不能起动。

（2）故障检查　首先检查电源是否正常，即检查动力三相 380V 电源是否有断相或电压过低现象。检查直流电源是否正常，若电源正常再检查电压继电器是否吸合。若电压继电器不吸合，应检查安全回路中安全钳开关、安全窗开关、限速器断绳保护开关和热继电器触头。如果电压继电器吸合，可检查轿厢层门是否关好，以及门锁继电器是否吸合。

实训 2　自动扶梯故障排除

一、实训目的

1）根据自动扶梯的主电路和控制电路，对故障现象进行有针对性的分析。

2）熟悉使用"电压法"、"电阻法"进行控制电路断点的查找。

二、实训内容

根据自动扶梯运行工作原理，按步骤进行操作，出现故障后，能够用万用表进行查找；

故障确定后，使用导线将其短接，使电路按正常动作顺序工作，直至电梯能正常工作为止。在 15min 内判断 2 个故障点，并将所判断的故障点记录下来。

三、实训步骤

在此电路中，一般情况下故障点应设置为断点，所以此时可以采用以下步骤：

1）电压法：测量正常时无电压降的电路，若测试有电压，说明电路中有断点。

2）电阻法：测量正常时为通路的电路，电阻很小，若电阻较大，说明电路中有断点。

3）断点确认后，使用短接线将其短接，使电梯按控制程序运行。

四、实训举例

（1）故障现象　自动扶梯有电源，但是只能向上运行，不能向下运行。

（2）故障分析　造成这一故障有两种可能，一是扶梯钥匙开关向下方向的线头脱落或者钥匙开关损坏；二是向上接触器常闭触点接触不良或线头脱落，使向下接触器无法工作。

（3）排除方法

1）检查上、下钥匙开关的接线是否可靠连接，发现脱落后应重新连接，若钥匙开关损坏应予以更换。

2）检查向上接触器释放时常闭触点是否可靠闭合，若接触不紧密，应予以调整。如果故障还没有排除，应检查向下接触器的控制电路及向下接触器是否损坏。

模块 6 电梯安全及管理

6.1 电梯安装安全管理

电梯安装是一项多工种协调、立体交叉的高空作业，其危险性很大，被劳动部门定位为特殊作业。加强工作现场的安全管理，妥善采取安全防护措施是十分重要和必要的。

1. 建立安全生产的组织结构和规章制度 建立完善的安全生产管理机构，明确安全生产的主要职责，规定施工现场的负责人是安全生产的第一负责人。脱产或不脱产的安全员（注册安全主任），应在现场负责人的领导下，负责督促加强安全意识、纠正生产中的不正之风、制止一切不安全的行为，以及进行班前班后的安全检查工作。

（1）安全制度：

1）所有参加电梯安装工程的管理干部、技术工人、安装工人，必须经过当地劳动部门进行安全培训，熟悉有关的安全规程，经考核合格，领取与作业内容相关的特种作业人员操作证方能上岗。

2）凡不适合登高作业者，如患有高血压、心脏病、神经病、恐高症等人员，一律不得从事电梯安装工作。

3）施工方案中必须包括安全防范措施，认真学习《员工安全手册》，就安全问题向班组及施工人员详细交底。

4）施工方案经认真审阅批准后必须坚决执行，不得中途随意更改。如在执行过程中确实遇到新的安全问题时，应立即报告上级安全管理部门，仔细调整或采取相应防范措施。

5）在施工过程中，若施工进度和安全质量发生矛盾时，必须坚持安全第一的原则。

（2）安全制度操作规程：

1）严禁酒后或精神恍惚人员从事电梯安装作业。

2）进入井道施工时，不得赤脚、穿着拖鞋或高跟鞋，也不要穿着容易挂着的长衣长裤，要带好安全帽，系好安全带，穿防砸的工作鞋。施工人员随身携带的小型工具要装入工具袋。操作时，锤子、扳手应用绳子系在手腕上，避免滑落井道内伤人。

3）在井道和脚手架上工作时，应互相提醒和防范，以及照顾上下左右的其他施工人员，并注意不要碰到各条垂直线和刚刚用水泥稳固好的部件。还要尽量避免在同一垂直方向交叉作业。严禁作业时往井道内乱扔杂物，以免伤人。

4）在井道内和脚手架上使用电动工具时，应戴好绝缘手套并注意站立位置。电动工具应有良好的接地保护，且用完后立即切断电源。

5）井道的电缆线、气焊橡胶管要经常理顺，养成每天用前检查有无磨损、撞坏、漏气、漏电及打火现象。在进行电焊、气焊、气割等动火工作前要先向主管部门申报，征得批准并在施工现场备好灭火器，落实专人监护后方可进行工作。工作完毕经检查不存在任何隐患。

6）施工中使用的易燃易爆品（汽油、煤油、油漆、氧气、乙烷等）要妥善保管，分开存放并远离火源；使用时注意安全距离；下班时应送入库房或固定位置统一保管，不得零散留在施工现场内。

7）安装使用的吊具（如各类葫芦、卷扬机）、绳索（钢丝绳、麻绳）等使用前要仔细检查，最好进行强度试验。吊装时必须仔细核对吊钩抗拉强度和被吊物品实际重量，吊钩抗拉强度必须大于被吊物品实际重量的两倍以上。吊装导轨时，除了固定导轨的少数操作人员外，井道内不得停留其他人员，底坑内更不能进行其他工作。

8）安装对重架时，对重架下严禁站人。对重块装入框架后应安装好固定装置，防止移动滑出；安装钢丝绳时，锥套和填料加热要防止烫伤。浇注锥套时，应戴好防护眼镜和手套。钢丝绳安装完毕后，应严格检查确认可靠后方可提起轿厢拆去依托。

9）在多台电梯共用的井道里作业时，安装人员不但要注意本电梯的位移，还应留心相邻电梯的运动状况，防止相邻电梯伤人。

10）在井道内的临时照明必须使用36V的安全电压，并保证有足够的亮度。

11）电梯试运行前，必须对电梯安全装置逐项检查，确保其动作灵活，功能可靠。

12）参加电梯试运行的人员，必须分工明确，听从统一指挥，坚决杜绝各自为战、随意盲目行动。试运行时，所有安全保护装置必须全部投入使用，不得随意拆除或短接！当发现故障或疑问时，需要在确认安全的条件下，采取合理、可靠的措施进行排除。轿顶人员应注意错开上、下运行的对重。

2. 施工现场的安全管理和安全措施

（1）施工现场必须保持清洁、畅通。材料和物品堆放要整齐、稳固，以防倒塌伤人。

（2）电梯层门安装前，必须在每一层门框外设置安全栏杆，并挂上醒目的标识，标明"施工重地，谨防坠落"等字样。

（3）脚手架的搭设必须符合安全技术要求：脚手架的承载能力应大于2500N；严禁使用变质或强度不够的材料作为跳板；脚手架搭设好后要经过严格验收；施工过程中应经常检查使用情况，发现隐患后应及时采取加固措施。

（4）脚手架拆除时应自上而下拆除。拆除后，要认真清理井道内的障碍和杂物。

（5）在轿厢顶部工作前，必须安装好轿顶防护装置，且防护装置必须牢固可靠。

（6）对重架下方底坑1700mm高以内应装设对重安全防护栅栏。栅栏用有足够机械强度的扁钢制作。

6.2 电梯维修安全管理

6.2.1 安全作业基本行动

作业人员应意识到电梯作业时若方法有误，就可能会危及人身安全，因此要整理作业环境，以冷静的态度进行作业。同时应遵守下述各项要求：

（1）作业的性质（内容）有较大改变的，以及要移动作业位置时，应通过大声口述来确定安全情况。

（2）电源的通断由作业长发出联络信号（语言等），在进行联络复述确认之后，方可切断或接通电源。

（3）进行通断电等易发生事故的操作时，应均由作业长或由指定的人员来进行。

（4）电动机、曳引机、发电机、限速器、控制柜、门锁等设备装置，在运行过程中绝对不能用手触摸。如果要触摸时，应先将其停下来，并切断电源，经验电后再进行。

（5）作业时需要切断或接通电源开关，或者接收到上行、下行及停止等信号后，应在用规定的用语复述之后，再进行操作。

为消除易发生的事故而必须严格遵守的事项见表 6-1。

表 6-1　消除易发生的事故而必须严格遵守的事项

严格遵守事项	作业名称
1. 在旋转部件（活动部件）附近作业时应切断主电源开关及相应的控制开关，随即挂上"严禁合闸"的标识牌 2. 轿厢运行中头、手严禁外伸	1. 绳轮、滑轮的清扫 2. 链条、V 带的张力调整、加油 3. 轿顶运行

6.2.2　保护第三者的安全对策

为了防止第三者发生事故，必须遵守下述各项要求：

（1）在打开层门或从外侧可以很容易打开层门的状态下作业时，为了不让第三者进入，应该设置安全栏杆。

（2）离开轿厢时，为了防止第三者操作或恶作剧，应将操纵厢内的急停开关置于"停止"的位置，并将操纵箱下部的开关盒盖锁上，同时应设置"检修中"的安全标识牌，因急修等原因未能携带安全栏杆时必须在厅外设置便携式防护栏。

（3）离开电梯机房进行作业时，应先将机房门锁上。

（4）平日上锁的安全门，出入时也应上锁。

（5）在有坠物跌落危险的地方（通往电梯机房的楼梯、机房外平台等）不要放置维修、保养用的材料或工具。

6.2.3　通电时的作业

1. 通电时的作业内容

（1）电气回路检查与特性功能测试，即对通电部位的电压、电流、接触电阻进行的测定。

（2）强制电梯运行，即因人急救、继电器的吸合与释放检查等。

（3）更换指示灯或安全照明灯。

（4）停电自动平层装置、应急电源部位、轿内电话电源的作业。

（5）更换电池。

2. 遵守事项

（1）在携带带电的测量工具、仪器进行作业时，尤其应避免接触到带电导线，同时在保持身体稳定时进行作业。

（2）在清洁开关的触头时，不要直接用手触摸触头。

6.2.4　作业的中断与恢复

中断作业时，为防止发生第三者事故，应进行以下处理：

（1）断开主电源，挂出"严禁合闸"的标识牌。

（2）排除热源，如喷灯、电烙铁、强光灯、电焊、气焊等。

（3）不要留开口部位，应锁上层门。在未安装层门的位置，应设置安全栏杆；并在该层门口悬挂"危险"、"切勿靠近"等警告牌，并派人看守。

（4）通知有关人员，必要时应设专人值班。

恢复作业时应确认下述安全事项：

（1）总电源开关、安全开关的推断确认。

（2）清点作业人数，确认作业顺序。

6.2.5 维护一般遵守事项

（1）电梯安装、维修保养时，不得只有一名作业人员进行。

（2）进入井道作业时，需要使用井道照明灯。

（3）进入或退出轿顶时，应遵守以下安全注意事项：

1）出入轿顶前清洁鞋底（特别是油污等），防止脚下打滑。

2）出入轿顶时，严禁蹬踏轿顶电气箱及链轮连杆。

3）进入轿顶作业前，必须先打开轿顶检修开关和急停开关。

4）进入轿顶操作的必须是熟练工人。

5）在轿顶作业时，必须按下急停按钮。

6）操作电梯运行时要站在轿顶板上，扶稳，禁止站在防护栏以外或撑架等凹凸不平位置进行操作。

7）电梯快车运行时，严禁轿顶上有人。

8）进入或退出轿顶时，应使用轿顶检修灯、电筒，以确保上、下时有足够的亮度。

（4）进入或退出底坑必须遵守下述安全注意事项：

1）出入底坑前要清洁鞋底（特别是油污等），防止足下打滑。

2）严禁进入（爬出）底坑时踩踏缓冲器。

3）严禁攀爬层门、轿厢踏板及随行电缆。

4）进入底坑后，必须按下急停按钮后关闭层门。

5）进入底坑操作的必须是熟练工人。

6）应先确认坑内有无异常气味，然后在进入底坑。

（5）避免在轿顶与底坑同时作业。

（6）井道为通井时，严禁站在通井的中间梁上进行作业。

（7）轿顶或轿内有作业人员时，不能让其他人乘搭电梯。

（8）禁止在机房内及作业中吸烟。

（9）作业结束时，应对各个部位进行清理、检查，确认没有异常情况后，再锁上机房门。

6.2.6 机房作业

机房作业时，应遵守下述各项要求：

（1）在活动部位、旋转部位周围作业时，为了避免被卷入或被夹住，应装上盖板、护栏等来进行保护，禁止对正在运动的部件进行作业。

（2）在孔洞附近作业时，应防止将物件碰落井道中。

（3）机房电器柜的盖板在非作业时应该盖上，拆卸时应从上部开始，装上时应从下部开始。

（4）机房控制柜、主机及限速器等设备的顶部不能放置物品。

6.2.7　轿顶作业

1. 进入轿顶的步骤

（1）电梯正常运行至要进轿顶层的下一层停止。

（2）置轿内检修状态，且轿顶电阻箱平面应与厅外地坎面的高度相差在 -500 ~ 500mm 内（注意：如不能满足此要求时，检修运行至满足为止）。

（3）打开检修开关、急停开关和打开轿顶照明。

（4）进入轿顶，确认安全后，再关闭层门。若有两台以上电梯时，不要错开另一台电梯的层门。

2. 退出轿顶的步骤

（1）将电梯运行至轿顶电阻箱与厅外地坎面的高度相差在 -500 ~ 500mm 内。

（2）按下急停按钮。

（3）打开层门，保持层门开启状态。

（4）收拾好工具物品并放置在层门外安全位置，放置好轿顶操纵器。

（5）恢复轿顶检修开关（正常位置），关掉轿顶照明。

（6）退出轿顶，恢复急停按钮，关闭层门。

（7）退出轿顶后要清洁鞋底及楼面。

（8）恢复正常运行。

3. 轿顶作业（包括轿顶运行）注意事项

（1）轿顶作业前应转换成"检修运行"，作业时应先断开急停开关。

（2）进行轿顶离开防护栏保护范围的作业时应佩戴安全带。

（3）为了不让工具从轿顶上掉下，应将工具箱放在较稳定的地方，并将工具都放在工具箱内，且作业中应小心使用。

（4）越过轿顶横梁时，应确认脚底下的安全，抓稳横梁、扶手等，人员移动时轿厢应不准运行。

（5）严禁从轿顶移动到其他轿顶。

（6）井道作业应顺着下行方向进行。

（7）运行过程中，手、头及身体不能探出轿顶边缘，应采取站稳的姿势（注意不要让对重、隔磁板或撑架等碰伤手、头及身体）。

（8）轿厢运行时，应断开"门机开关"。

（9）运行电梯时必须慢车运行。运行操作员应听从作业责任人的指示，并随时采取能停止电梯运行的措施。

（10）应先确认头顶上的具体情况后再向上运行，以免头部碰到顶部。

（11）打开层门时，应注意身体的平衡及脚底的状况，使身体站稳，注意手不要被门连杆夹住、不要在被套与门之间或门与门之间夹住。

（12）进行轿顶作业时应该先停下电梯，并按下急停按钮后再运行。

（13）在井道内作业时，严禁一脚踏在轿顶，另一脚踏在井道中的任何一个固定点上进行操作。

6.2.8　轿内及厅外作业

（1）停下轿厢进行作业时，应先将操纵箱内的急停开关置于"停止"状态。

（2）打开层门时，动作应慢慢，防止有人进入。

（3）作业或处理故障，轿厢护脚板下开口大于150mm时，应采取以下安全措施：

1）在该场所进行作业时，为防止第三者坠入井道，应设监视人及安全护栏。

2）离开该场所时，应确认层门已完全关闭，无法从外部打开。

（4）作业楼层的层门外附近如果有其他人员时，应使其远离该地方。

6.2.9　底坑内作业

1. 进入底坑的方法

（1）在基站层门口设置"电梯例行保养中，禁止进入"标识牌和防护栏杆。

（2）将电梯正常运行至次底层。

（3）按下操纵箱内的急停开关。

（4）按下检修灯开关（无此开关时，此项操作取消）。

（5）在最底层打开层门。

（6）底坑有安装爬梯时可利用底坑爬梯小心进入。

（7）底坑如果没有安装爬梯时要借助梯子或人字梯进入。

（8）打开底坑照明开关，按下底坑急停按钮。

（9）关闭层门。

2. 退出底坑的方法

（1）按下底坑急停按钮。

（2）在底坑利用层门内部开门拉绳将层门锁打开，并使层门保持打开状态。

（3）先把工具等物品放置在层门外。

（4）恢复急停按钮，关闭底坑照明。

（5）利用爬梯或梯子退出底坑。

（6）关闭层门。

（7）将鞋底及楼面清理干净，将基站的防护栏杆收起。

（8）恢复电梯正常运行。

3. 底坑内作业注意事项

（1）在底坑内作业时，必须有充足的照明。

（2）在底坑内作业时，应先按下底坑急停开关，使轿厢停止运行再进行作业。

（3）底坑与轿内或轿顶之间进行联络时，底坑应掌握主动权，根据需要可使用无线电对讲机进行明确的联络与大声复述。

（4）底坑深度超过1.6m时，应使用梯子或高凳上下，禁止攀附随行电缆和轿底其他部位上下。

（5）在底坑对较高的部件进行作业时，应使用人字梯或搭设脚手架进行作业，且应遵守以下事项。

1）人字梯应稳固，以防止翻倒。

2）在脚手架上进行作业时，应使用安全带。

6.2.10　检修、保养工作结束后的检查

（1）使所有开关恢复到正常状态，检查工器具、材料有无遗落在设备上。

（2）清点工具、材料，打扫工作现场，摘除悬挂的标识牌。

（3）送电试运行，观察电梯运行情况，发现异常后应及时停梯检查。

6.2.11　急修作业的一般遵守事项

（1）到达用户处后，应先向用户管理者确认清楚事故或故障有关情况后再开始作业。

（2）作业时，要绝对避免野蛮作业，必要时可请求支援。但严禁要求非电梯作业人员进行电梯运行操作等方面的协助。

（3）在进行电梯曳引机盘车作业时，应在断开主电源开关，确认第三者的安全后才能进行。

（4）作业人员必须在电梯安全保护装置有效情况下进行作业。

6.2.12　维修作业的一般遵守事项

（1）在作业开始前，应确认作业现场附近的安全状况，并根据需要采取适当的措施。

（2）多名作业人员同时进行作业时，应互相进行充分联络，发现存在安全隐患，要及时中止作业。

（3）开始作业前，应认真检查工具、安全装置是否可靠，以及确认工程中所使用的材料是否合格。

（4）作业时应至少两人为一组共同进行。

（5）作业时应使用交流 36V 或以下的安全电压的行灯。

（6）在动火前应取得书面同意，并做好防火工作。

（7）以下作业，必须使用安全带：

1）在轿顶进行离开防护栏保护范围的作业。

2）在高于坠落高度基准面 2m 或以上的位置进行作业。

6.2.13　电梯层门专用钥匙的使用

（1）电梯层门专用钥匙，是指为指定的维修人员在特殊情况下开启层门而设置的专用工具。

（2）当维修人员的工作完成后，离开时一定要确认电梯层门已完全关闭。

（3）使用方法是：人双脚站稳后，把层门专用钥匙套入层门开锁三角孔，旋转即可开启层门锁钩。

（4）注意事项是：开启层门前，一定要确认轿厢停靠的位置，当开启层门门缝后，必须

再次确认轿厢处在正确的位置，待确保安全无误后方可进行下一步操作。开启层门前，应在层门口放置警示牌。

（5）警告：电梯在运行过程中，绝不允许使用层门专用钥匙。不是指定的电梯维修人员，绝不允许使用层门专用钥匙。

（6）若层门专用钥匙使用不当，工作人员会坠入底坑或轿厢顶上，这是十分危险的。

6.3 电梯安全及管理实训

实训1 电梯维修人员上轿顶操作

一、实训目的

1）规范电梯维修人员上轿顶作业，按要求完成一系列的动作。

2）达到电梯维修安全目的，树立电梯维修作业安全意识。

二、实训步骤

1）使电梯正常运行至要进入轿顶层的下一层停止。

2）置轿内处于检修状态，且轿顶电阻箱平面应与厅外地坎面的高度差在±500mm内（如不能满足此要求，检修运行至满足为止）。

3）打开检修开关、急停开关和打开轿顶照明。

4）进入轿顶，确认安全开关，再关闭层门。

三、实训考核

1）实训时间：5min。

2）评分标准见表6-2。

表6-2　电梯维修人员上轿顶操作评分标准

实训步骤	评分标准	得分	教师签名
一、进入轿厢，令电梯工作在检修状态	操作正确得20分		
二、检修慢行至轿顶电阻箱平面应与厅外地坎面的高度差在±500mm内	操作正确得10分		
三、确认轿厢位置是否正确	操作正确得10分		
四、轿厢位置正确后，打开层门动作检修开关、急停开关和打开轿顶照明开关	操作正确得50分		
五、小心进入轿顶，确认安全开关，再关闭层门	操作正确得10分		
六、安全文明操作	工作后没有恢复电梯至正常状态，扣10分，操作中有重大失误扣20分，违反安全文明操作由教师视情况扣分		

实训2 电梯维修人员进入底坑操作

一、实训目的

1）规范电梯维修人员进入底坑作业，按要求完成一系列的动作。

2）达到电梯维修安全目的，树立电梯维修作业安全意识。

二、实训步骤

1）在基站层门口设置"电梯例行保养中，禁止进入"标识牌和防护栏杆。

2）将电梯正常运行至次底层。

3）按下检修灯开关（无此开关时，此项操作取消）。

4）在最底层打开层门。

5）底坑有安装爬梯时可利用底坑爬梯小心进入。

6）底坑如果没有安装爬梯时要借助梯子或人字梯。

7）打开底坑照明开关，按下底坑急停按钮。

8）关闭层门。

三、实训考核

1）实训时间：5min。

2）评分标准见表6-3。

表6-3　电梯维修人员进入底坑操作评分标准

实训步骤	评分标准	得分	教师签名
一、在基站层门口设置防护栏杆	操作正确得20分		
二、将电梯正常运行至次底层	操作正确得10分，停层错误不给分		
三、按下检修灯开关	操作正确得10分		
四、在最底层打开层门，使层门呈完全打开状态，然后小心进入低坑	操作正确得20分		
五、打开底坑照明开关	操作正确得10分		
六、按下底坑急停按钮	操作正确得20分		
七、关闭层门	操作正确得10分		
八、安全文明操作	工作后没有恢复电梯至正常状态，扣10分，操作中有重大失误扣20分，违反安全文明操作由教师视情况扣分		

模块7 电梯安装维修工(中级)综合实战100分

一、实战说明

综合实战100分中的题目由三大类组成,每次考核三个题目,分别从 A 类、B 类和 C 类中各抽取 1 个,每次考核为百分制,其中 A 类占总分 30%、B 类占总分 30%、C 类占总分 40%。

二、实战项目及代号 (见表7-1)

表7-1 实战项目及代号

类别	内容	项目		比重 (%)
		代号及说明		
A 类	电子及电气控制技术	01 二极管整流电路的连接与测量		30
		02 晶闸管全波整流电路的连接与测量		
		03 光电感应电路的连接与测量		
		04 移位寄存器的连接与测量		
		05 振荡器电路的连接与测量		
		06 并励直流电动机正反转控制电路的连接与测量		
		07 并励直流电动机调速控制电路的连接与测量		
		08 电梯层楼信号 PLC 控制电路的连接与测量		
		09 Y-△起动 PLC 控制电路的连接与测量		
		10 顺序起动 PLC 控制电路的连接与测量		
B 类	电梯电气维修技术	01 电梯故障的查找排除		30
C 类	电梯机械维修技术	01 安全触板的调节与测量		40
		02 层门钩子锁的安装、调节与测量		
		03 曳引机钢丝绳头的制作与测量		
		04 电磁制动器的调试与测量		
		05 曳引机、电动机轴同心度的调节与测量		
		06 零件图的测绘		
		07 安全钳装置的调节与测量		
		08 层门自闭装置的调节与测量		
		09 制动带的更换		
		10 联轴器的拆装、调节与测量		

三、综合实践

实战项目1 二极管整流电路的连接与测量

168

挑战时间：__90__ min　实习指导教师：_____ 得分：_____

1. 评分标准（见表 7-2）

表 7-2　评分标准（一）

内容及配分	评分标准	得分	教师签名
元器件的选择与检查（16 分）	未选择和检查元器件此项不得分		
通电调试（30 分）	得到教师许可后： 1）第一次通电调试成功得 30 分 2）第二次通电调试成功得 15 分 3）第二次通电调试不成功或放弃不得分		
波形测量：用示波器观察波形并绘制（通电调试成功后才进行此项）（36 分）	由教师当场抽查验证： 1）绘制的波形，每对一个得 4 分 2）绘制的波形和示波器显示的波形不相似不得分		
电压测量：用万用表测量并填写在表中（通电调试成功后才进行此项）（18 分）	由教师当场抽查验证： 1）每对一项得 2 分 2）挡位、量程选择错误或不当不得分		
安全文明操作	违反安全文明操作由教师视情况扣分，要注意安全操作		

注：学校提供电子实验台和双踪示波器，实验员提供电子元器件。

2. 波形及电压测量（见表 7-3、表 7-4）

表 7-3　电气测量记录（一）

电压/V 电路状态	U_2	U_{Co}	U_o
S1、S2、S3 全部断开			
S1 闭合，S2、S3 断开			
S1、S2、S3 全部闭合			

表 7-4　绘制波形（一）

波形 电路状态	U_2	U_{Co}	U_o
S1、S2、S3 全部断开			
S1 闭合，S2、S3 断开			
S1、S2、S3 全部闭合			

3. 项目接线（见图 7-1）

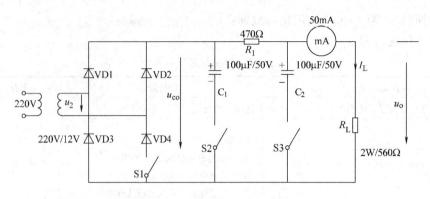

图 7-1　二极管整流电路

实战项目 2　晶闸管全波整流电路的连接与测量

挑战时间：__90__ min　实习指导教师：_____　得分：_____

1. 评分标准（见表 7-5）

表 7-5　评分标准（二）

内容及配分	评分标准	得分	教师签名
元器件的选择与检查（20 分）	未选择和检查元器件此项不得分		
通电调试（40 分）	得到教师许可后调试，并由教师当场验证： 1）第一次灯泡亮度能够调节得 40 分 2）第二次灯泡亮度能够调节得 20 分 3）第二次灯泡亮度不能调节或放弃者此项不得分 4）若控制电路与主电路不同相，此项不得分		
波形测量：分别用示波器观察并绘制灯泡最亮和最暗时表中各点的波形（通电调试成功后才进行此项）（40 分）	由教师当场抽查验证： 1）每对一个得 4 分 2）绘制的波形和示波器显示的波形不相似不得分		
安全文明操作	违反安全文明操作由教师视情况扣分，要注意安全操作		

2. 波形测量

在表 7-6 中绘制出示波器测量波形，并注明峰值。

表 7-6　绘制波形（二）

项目 测量波形	控制角（最大）（灯最暗）	控制角（最小）（灯最亮）
u_2		
u_o		
u_z		
u_C		
u_G		

3. 项目接线（见图 7-2）

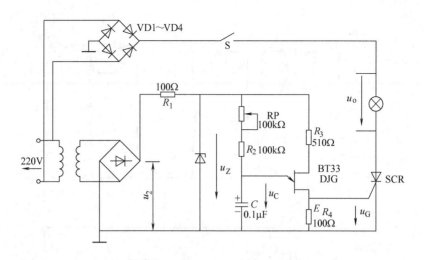

图7-2　晶闸管全波整流电路

实战项目3　并励直流电动机正反转控制电路的连接与测量

挑战时间：___90___min　实习指导教师：_____　得分：_____

1. 评分标准（见表7-7）

表7-7　评分标准（三）

内容及配分	评分标准	得分	教师签名
检查和选择元器件（10分）	未选择和检查元器件此项不得分		
接工艺接线（20分）	此项分为三个等级评定：A级20分，B级10分，C级5分		
通电调试（60分）	得到教师许可后： 1）第一次通电调试成功得60分 2）第二次通电调试成功得40分 3）第二次通电调试不成功或放弃此项不得分		
电气测量（10分）	通电成功后调试进行此项，由教师抽查验证：每对一项得5分		
安全文明操作	违反安全文明操作由教师视情况扣分，要注意安全操作		

注：学校提供电气控制柜。

2. 电气测量

按表7-8中要求测量并记录下来。

表7-8　电气测量记录（二）

测量项目	电枢绕组工作电压	电动机转速
测量结果		

3. 项目接线（见图7-3）

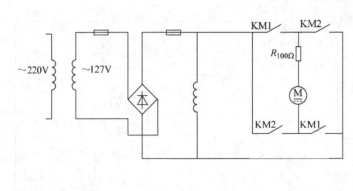

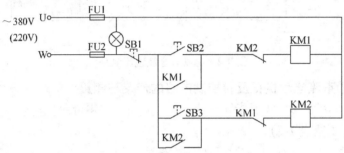

图7-3 并励直流电动机正反转电路

实战项目4 并励直流电动机调速控制电路的连接与测量

挑战时间：＿＿90＿min 实习指导教师：＿＿＿＿＿＿得分：＿＿＿＿＿＿

1. 评分标准（见表7-9）

表7-9 评分标准（四）

内容及配分	评分标准	得分	教师签名
选择和检查元器件（10分）	未选择和检查元器件此项不得分		
按工艺接线（20分）	此项分为三个等级评定：A级20分，B级10分，C级5分		
通电调试（60分）	得到教师许可后： 1）第一次通电调试成功得60分 2）第二次通电调试成功得40分 3）第二次通电调试不成功或放弃此项不得分		
电气测量（10分）	由教师当场抽查验证：每对一项得5分		
安全文明操作	违反安全文明操作由教师视情况扣分，要注意安全操作		

注：学校提供电气控制柜，时间继电器采用JS14P型。

2. 电气测量

按表7-10中要求测量并记录下来。

表 7-10　电气测量记录（三）

测量项目	电枢绕组电压	
	KM₃ 开断时	KM₃ 吸合时
测量结果		

3. 项目接线（见图 7-4）

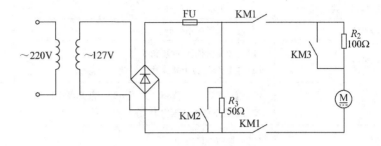

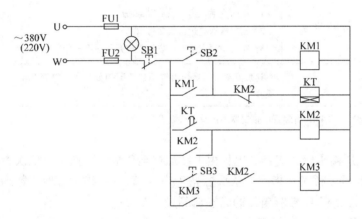

图 7-4　并励直流电动机调速电路

实战项目 5　光电感应电路的连接与测量

挑战时间：　60　min　实习指导教师：＿＿＿＿＿＿＿　得分：＿＿＿＿＿

1. 评分标准（见表 7-11）

表 7-11　评分标准（五）

考核内容	评分标准	得分	教师签名
元器件的选择与检查（16 分）	未选择和检查元器件此项不得分		
按图搭接电路并通电调试（30 分）	得到教师许可后： 1）第一次通电调试成功得 30 分 2）第二次通电调试成功得 15 分 3）第二次通电调试不成功或放弃此项不得分		
用物体遮光观察灯泡发光（54 分）	由教师当场抽查验证：用物体遮光，灯泡亮；反之，灯泡熄灭，正确得 54 分，不正确不得分		
安全文明操作	违反安全文明操作由教师视情况扣分		

2. 项目接线（见图 1-64）

实战项目 6　电梯层楼信号 PLC 控制电路的连接与测量

挑战时间： 90 min 实习指导教师： _____ 得分： _____

1. 评分标准（见表7-12）

表7-12 评分标准（六）

内容及配分	评分标准	得分	教师签名
选择和检查元器件（10分）	未选择和检查元器件此项不得分		
绘制输入、输出接口电路（10分）	画错一处此项不得分		
列写指令表（10分）	写错一条指令不得分		
绘制梯形图（10分）	1）一处绘制错误此项得5分 2）有两处及以上错误或未画此项不得分		
外部电路的安装（20分）	1）接点牢固、无露铜、无压绝缘现象此项得20分 2）敷线不整齐此项得10分		
通电运行（40分）	得到教师许可后 1）第一次通电运行成功得40分 2）第二次通电运行成功得20分 3）第二次通电运行不成功或放弃此项不得分		
安全文明操作	违反安全文明操作由教师视情况扣分，要注意安全操作		

注：学校提供三菱 FX_{2N}—64MR 可编程序控制器主机及手持编程器。

2. 控制要求

1~9 层均设置层楼永磁感应器，电梯由 1 楼运行至 9 楼时，指示灯依次燃亮 1、2、…、9；电梯由 9 楼运行至 1 楼时，指示灯依次燃亮 9、…、2、1；指示灯使用数码显示。

实战项目7 Y-△起动 PLC 控制电路的连接与测量

挑战时间： 90 min 实习指导教师： _____ 得分： _____

1. 评分标准（见表7-13）

表7-13 评分标准（七）

内容及配分	评分标准	得分	教师签名
选择和检查元器件（10分）	未选择和检查元器件此项不得分		
绘制输入、输出的接口电路（10分）	画错一处此项不得分		
列写指令表（10分）	写错一条指令不得分		
绘制梯形图（10分）	1）一处绘制错误此项得5分 2）有两处及以上错误或未画此项不得分		
外部电路的安装（20分）	1）接点牢固、无露铜、无压绝缘现象此项得20分 2）敷线不整齐此项得10分		
通电运行（40分）	得到教师许可后： 1）第一次通电运行成功得40分 2）第二次通电运行成功得20分 3）第二次通电运行不成功或放弃此项不得分		
安全文明操作	违反安全文明操作由教师视情况扣分，要注意安全操作		

2. 控制要求

1）起动时间整定5s。

2）Y联结接触器失电0.5s后△联结接触器才能接通。

实战项目8　顺序起动PLC控制电路的连接与测量

挑战时间：__90__ min　实习指导教师：_____得分：_____

1. 评分标准（见表7-14）

表7-14　评分标准（八）

内容及配分	评分标准	得分	教师签名
选择和检查元件（10分）	未选择和检查元器件此项不得分		
绘制输入、输出的接口电路（10分）	画错一处此项不得分		
列写指令表（10分）	写错一条指令不得分		
绘制梯形图（10分）	1）一处编制错误此项得5分 2）有两处及以上错误或未画出此项不得分		
外部电路的安装（20分）	1）接点牢固、无露铜、无压绝缘现象此项得20分 2）敷线不整齐此项得10分		
通电运行（40分）	得到教师许可后： 1）第一次通电运行成功得40分 2）第二次通电运行成功得20分 3）第二次通电运行不成功或放弃此项不得分		
安全文明操作	违反安全文明操作由教师视情况扣分，要注意安全操作		

2. 控制要求

1）起动时，M_1起动后经过10s M_2能自行起动。

2）停止时，M_2停止后经过5s后按M_1停止按钮时M_1才能停止。

3）M_2停止时5s之内M_2停止信号灯每秒闪烁2次。

4）M_1电动机由KM_1接触器控制，M_2电动机由KM_2接触器控制。

实战项目9　移位寄存器的连接与测量

挑战时间：__90__ min　实习指导教师：_____得分：_____

1. 评分标准（见表7-15）

表7-15　评分标准（九）

内容及配分	评分标准	得分	教师签名
元器件的选择与检查（10分）	未选择和检查元器件此项不得分		
按图接线（10分）	每错一处扣5分		
通电调试（40分）	得到教师许可后： 1）第一次通电调试成功得40分 2）第二次通电调试成功得20分 3）第二次通电调试不成功或放弃此项不得分		

（续）

内容及配分	评分标准	得分	教师签名
列写触发器特征方程并验证（15 分）	1）特征方程列写正确得 15 分 2）特征方程列写不正确不得分		
列写 4 位移位寄存器状态表（25 分）	1）4 位移位寄存器状态表列写正确得 25 分 2）不正确不得分		
安全文明操作	违反安全文明操作由教师视情况扣分，所有在场教师签名有效		

2. 项目接线（见图 7-5）

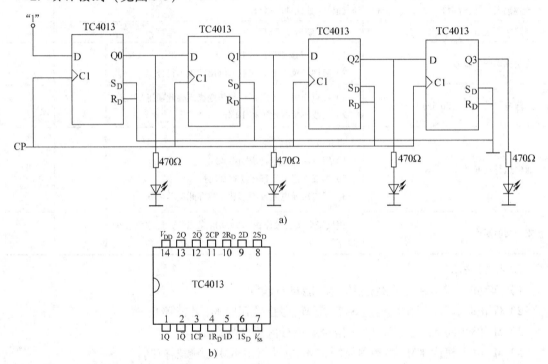

图 7-5　移位寄存器及其电路

a）电路　b）外部引脚

实战项目 10　振荡电路的连接与测量

挑战时间：　90　min　　实习指导教师：＿＿＿＿＿＿＿　　得分：＿＿＿＿

1. 评分标准（见表 7-16）

表 7-16　评分标准（十）

内容及配分	评分标准	得分	教师签名
元器件的选择与检查（16 分）	未选择和检查元器件此项不得分		
按图接线与通电调试（30 分）	得到教师许可后： 1）第一次通电测试成功得 30 分 2）第二次通电测试成功得 15 分 3）第二次通电测试不成功或放弃此项不得分		

（续）

内容及配分	评分标准	得分	教师签名
用示波器观察输出 U_o 波形（36 分）	由教师当场抽查验证：示波器显示的波形不对不得分		
调整电位器用示波器观察输出 U_o 波形变化（18 分）	由教师当场抽查验证： 1）调整电位器用示波器观察波形有变化得 18 分 2）波形不变化不得分		
安全文明操作	违反安全文明操作由教师视情况扣分，所有在场教师签名有效		

注：学校提供电子台和双踪示波器。

2. 项目接线（见图 7-6）

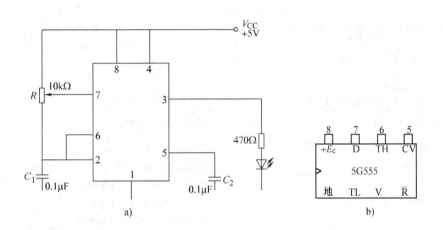

图 7-6 振荡电路

实战项目 11 电梯故障的查找与排除

挑战时间： 15 min 实习指导教师：_____ 得分：_____

1. 评分标准（见表 7-17）

表 7-17 评分标准（十一）

内容及配分	评分标准	得分	教师签名
在 THJ—XH 继电器模拟电梯查找电气故障 7 处（故障点在上行和下行控制电路中必须至少各设置一个故障点）（70 分）	1）排除电梯故障每处得 10 分 2）排除故障过程中错排 1 处倒扣 5 分 3）排除故障过程中因操作失误而造成短路每次扣 20 分 4）错误操作有导致设备发生损坏的情形扣 20 分 5）故障点、故障范围必须填写清楚，否则按错排故障处理		
运行结果（30 分）	正常运行，每一个方向得 15 分		
安全文明操作	违反安全文明操作由教师视情况扣分，要注意安全操作		

注：提供考试用电梯的电气原理图和 THJ—XH 继电器模拟电梯。

2. 故障排除记录（见表 7-18）

表 7-18   故障排除记录

故障顺序	故 障 范 围	故 障 点
1		
2		
3		
4		
5		
6		
7		

实战项目 12   安全触板的调节与测量

挑战时间：___15___min   实习指导教师：_____   得分：_____

评分标准（见表 7-19）

表 7-19   评分标准（十二）

内容及配分	评分标准	得分	教师签名
轿门开门：轿门全开时，触板凸出轿门 10～15 mm（10 分）	超过要求此项不得分		
轿门关门：全闭时，两凸板间隙 2 mm（10 分）	超过要求此项不得分		
板在关门过程凸出轿门最大值 25～30 mm（10 分）	超过要求此项不得分		
触板推入 8mm，触板开关动作（10 分）	超过要求此项不得分		
碰撞力适当（20 分）	超过要求此项不得分		
操作过程与结果（40 分）	1）操作过程动作错误每处扣 5 分 2）工具使用不当每处扣 5 分 3）运行结果不符此项不得分		
安全文明操作	违反安全文明操作由教师视情况扣分，要注意安全操作		

注：在电梯实训室进行。

实战项目 13   层门钩子锁的安装、调节与测量

挑战时间：___15___min   实习指导教师：_____   得分：_____

评分标准（见表 7-20）

表 7-20   评分标准（十三）

内容及配分	评分标准	得分	教师签名
层门钩子锁安装（20 分）	安装操作有误此项不得分		
层门锁啮合深度调节（10 分）	调节有误此项不得分		
层门锁侧隙调节（10 分）	调节有误此项不得分		
操作过程与结果（60 分）	1）操作时间 20 分 2）工具使用 10 分 3）层门锁与开门刀位置正确 10 分 4）回答啮合深度的意义 10 分 5）教师试模拟关门 10 分		

（续）

内容及配分	评分标准	得分	教师签名
安全文明操作	违反安全文明操作由教师视情况扣分，要注意安全操作		

注：在电梯实训室进行。

实战项目 14　曳引钢丝绳头的制作与测量

挑战时间：__30__ min　实习指导教师：_____　得分：_____

评分标准（见表 7-21）

表 7-21　评分标准（十四）

内容及配分	评分标准	得分	教师签名
钢丝绳裁断（10 分）	1）操作有误此项得 5 分 2）操作有重大失误或不会操作此项不得分		
取旧钢丝绳头（10 分）	1）操作有误此项得 5 分 2）操作有重大失误或不会操作此项不得分		
锥套穿绳、弯环（不做巴氏合金浇灌）（20 分）	1）操作有误此项得 10 分 2）操作有重大失误或不会操作此项不得分		
操作过程与结果（60 分）	根据操作时间与结果评分（加 50kg 载荷绳头上下不能超出 −10 ～ +5 mm）		
安全文明操作	违反安全文明操作由教师视情况扣分，要注意安全操作		

实战项目 15　电磁制动器的调整与测量

挑战时间：__60__ min　实习指导教师：_____　得分：_____

评分标准（见表 7-22）

表 7-22　评分标准（十五）

内容及配分	评分标准	得分	教师签名
铁心间隙调节（20 分）	1）操作有误得 10 分 2）操作重大失误或不能操作此项不得分		
制动力调节（20 分）	1）操作有误得 10 分 2）操作重大失误或不能操作此项不得分		
制动闸瓦间隙调节（20 分）	1）操作有误得 10 分 2）操作重大失误或不能操作此项不得分		
制动器闸瓦与制动轮接触面的调节（20 分）	1）接触良好得 20 分 2）接触面低于 80%，此项不得分		
手动松闸装置调节（20 分）	1）操作有误得 10 分 2）操作重大失误或不能操作此项不得分		
安全文明操作	违反安全文明操作由教师视情况扣分，要注意安全操作		

实战项目 16　曳引机、电动机轴同心度的调节与测量

挑战时间：__60__ min　实习指导教师：_____　得分：_____

评分标准（见表 7-23）

表 7-23　评分标准（十六）

内容及配分	评分标准	得分	教师签名
同心度测量（25 分）	1）操作有误得 15 分 2）操作有重大失误或不会操作此项不得分		
同心度调节（25 分）	1）操作有误得 15 分 2）操作有重大失误或不会操作此项不得分		
测量结果（50 分）	调节结果超出标准此项不得分		
安全文明操作	违反安全文明操作由教师视情况扣分，要注意安全操作		

说明：在电梯实训室进行。

实战项目 17　零件图的测绘

挑战时间：　60　min　　实习指导教师：＿＿＿＿＿＿＿　得分：＿＿＿＿＿＿

评分标准（见表 7-24）

表 7-24　评分标准（十七）

内容及配分	评分标准	得分	教师签名
视图绘制（35 分）	1）视图有误差得 20 分 2）视图有重大误差或不会视图此项不得分		
尺寸标注及公差（10 分）	1）标注有误差得 5 分 2）标注有错误此项不得分		
形位公差及表面粗糙度（10分）	1）标注有误差得 5 分 2）标注有错误此项不得分		
标题栏（15 分）	1）标注有误差得 10 分 2）标注有错误此项不得分		
操作过程与结果（30 分）	根据操作时间与结果评分		
安全文明操作	违反安全文明操作由教师视情况扣分，要注意安全操作		

实战项目 18　安全钳装置的调节与测量

挑战时间：　30　min　　实习指导教师：＿＿＿＿＿＿＿　得分：＿＿＿＿＿＿

评分标准（见表 7-25）

表 7-25　评分标准（十八）

内容及配分	评分标准	得分	教师签名
安全钳楔块与导轨间隙调节（25 分）	调节有误每次扣 5 分		
左右安全钳同步调节（25 分）	调节有误每次扣 5 分		
安全钳装置工作正常，动作灵活（50分）	运行不灵活每次扣 10 分		
安全文明操作	违反安全文明操作由教师视情况扣分，要注意安全操作		

实战项目 19　层门自闭装置的调节与测量

挑战时间：　50　min　　实习指导教师：＿＿＿＿＿＿＿　得分：＿＿＿＿＿＿

评分标准（见表 7-26）

表 7-26 评分标准（十九）

内容及配分	评分标准	得分	教师签名
工具的使用（10 分）	1）工具的使用正确熟练得 10 分 2）工具不会使用或不熟练，不得分		
层门门扇的安装与调节（80 分）	1）层门与层门、层门与门扇的间隙不大于 6mm，此项得 20 分 2）层门在其行程范围内无脱轨、卡住或错位，此项得 20 分 3）无论层门由于任何原因而被开启，在全行程内都应能确保层门自动关闭，此项得 20 分 4）中分门全部打开，以先打开的层门为准，另一层门至门框边距离误差不超过 10mm，此项得 20 分		
三角钥匙开关的安装与调节（10 分）	在三角钥匙使用后，开锁装置应能自动恢复，此项得 10 分		
安全文明操作	违反安全文明操作由教师视情况扣分，要注意安全操作		

实战项目 20 制动带的更换

挑战时间：__40__ min　实习指导教师：_____　得分：_____

评分标准（见表 7-27）

表 7-27 评分标准（二十）

内容及配分	评分标准	得分	教师签名
工具的使用（10 分）	1）工具使用正确且熟练得 10 分 2）工具不会使用或不熟练不得分		
拆除摩损的制动带（20 分）	1）操作有误扣 10 分 2）操作有重大失误扣 20 分		
更换制动带（30 分）	1）制动闸瓦与铆钉无露头得 30 分 2）露头不得分		
安装与调整（40 分）	1）操作有失误一处扣 10 分 2）操作有重大失误或不能操作不得分		
安全文明操作	违反安全文明操作由教师视情况扣分		

实战项目 21 联轴器的拆装、调节与测量

挑战时间：__30__ min　实习指导教师：_____　得分：_____

评分标准（见表 7-28）

表 7-28 评分标准（二十一）

内容及配分	评分标准	得分	教师签名
工具的使用（10 分）	1）工具使用且正确熟练得 10 分 2）工具不会使用或不熟练不得分		
联轴器的拆卸（20 分）	拆卸操作有误此项不得分		
联轴器的安装（20 分）	安装有误此项不得分		
联轴器的调节（20 分）	调节有误此项不得分		
操作过程与结果（30 分）	1）不超过操作时间得 10 分 2）同心度符合要求得 20 分		
安全文明操作	违反安全文明操作由教师视情况扣分		

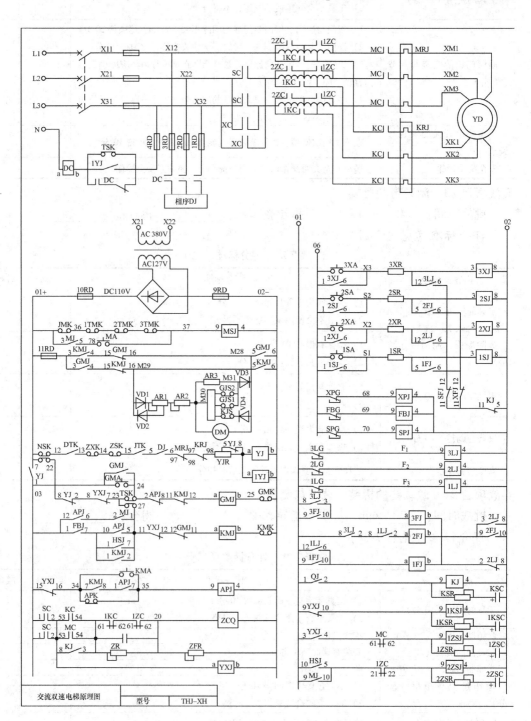

交流双速电梯原理图 | 型号 | THJ-XH

电梯原理图

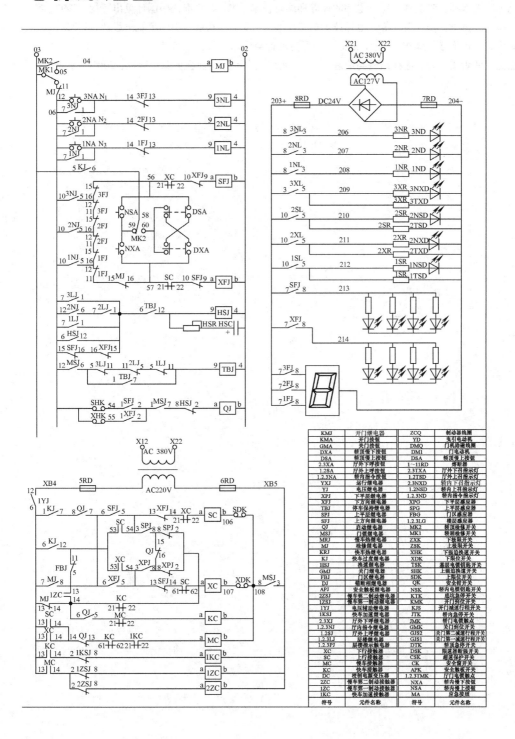

符号	元件名称	符号	元件名称
KMJ	开门继电器	ZCQ	制动器线圈
KMA	开门按钮	YD	曳引电动机
GMA	关门按钮	DMQ	门机励磁线圈
DXA	轿顶慢下按钮	DM1	门电动机
DSA	轿顶慢上按钮	DSA	轿顶慢上按钮
2.3XA	厅外下呼按钮	1~11RD	熔断器
1.28A	厅外下召指示灯	2.3TXA	厅内下召指示灯
1.2.3NA	轿内指令按钮	1.2TSD	厅内上召指示灯
YXJ	运行继电器	2.3NXD	轿内下召指示灯
XPJ	下层楼继电器	1.2NSD	轿内上召指示灯
XFJ	下方向继电器	1.2.3ND	轿内指令指示灯
TBJ	停车保护继电器	SPG	下平层感应器
SPJ	上层楼继电器	FBG	门区感应器
SFJ	上方向继电器	1.2.3LG	楼层感应器
QJ	启动继电器	MK2	轿顶检修开关
MSJ	门锁继电器	MK1	轿顶检修开关
MRJ	慢车热继电器	ZXK	下极限开关
MJ	慢车继电器	ZSK	上极限开关
KRJ	快车热继电器	XHK	下强迫换速开关
KJ	快车继电器	XDK	下限位开关
HSJ	换速继电器	TSK	基层电缆开关
GMJ	关门继电器	SHK	上强迫换速开关
FBJ	门区继电器	SDK	上限位开关
APJ	安全触板继电器	DJ	断相保护继电器
2ZSJ	慢车第二制动继电器	QK	安全钳开关
1ZSJ	慢车第一制动继电器	NSK	轿内电梯运行开关
1YJ	电压副助继电器	KTK	底坑急停开关
1KSJ	快车加速继电器	KMK	开门到位开关
2.3XJ	厅外下呼继电器	KJS	开门减速行程开关
1.2.3NJ	轿内指令继电器	JTK	轿内急停开关
1.2SJ	厅外上呼继电器	JMK	轿门触点开关
1.2.3LJ	层楼继电器	GMK	关门到位开关
1.2.3PJ	层楼指示继电器	GJS2	关门第二减速行程开关
XC	下行接触器	GJS1	关门第一减速行程开关
SC	上行接触器	DTK	轿顶急停开关
MC	慢车接触器	DSK	限速断绳开关
KC	快车接触器	CSK	超速保护开关
DC	夜制电源变压器	CK	安全窗开关
2ZC	慢车第二制动接触器	APK	安全触板开关
1ZC	慢车第一制动接触器	1.2.3TMK	厅门电锁触点
1KC	快车加速接触器	NXA	轿内慢下按钮
		NSA	轿内慢上按钮
		MA	应急按钮
符号	元件名称	符号	元件名称

参 考 文 献

［1］　缪鸿孙，王水福，陈夏鑫，等．电梯的保养和维修技术［M］．北京：中国计量出版社，1997．
［2］　孟少凯，尚贵林，张存荣，等．电梯技术与工程实务［M］．北京：中国宇航出版社，2002．
［3］　冯国庆．电梯维修与操作［M］．北京：中国劳动社会保障出版社，2005．
［4］　陈恒亮，郭昕文，等．电梯结构与原理［M］．北京：中国劳动社会保障出版社，2005．

读者信息反馈表

感谢您购买《中级电梯安装维修工技能实战训练》一书。为了更好地为您服务，有针对性地为您提供图书信息，方便您选购合适图书，我们希望了解您的需求和对我们教材的意见和建议，愿这小小的表格为我们架起一座沟通的桥梁。

姓　　名		所在单位名称	
性　　别		所从事工作(或专业)	
通信地址		邮　编	
办公电话		移动电话	
E-mail			

1. 您选择图书时主要考虑的因素：(在相应项前面✓)

（　）出版社　（　）内容　（　）价格　（　）封面设计　（　）其他

2. 您选择我们图书的途径：(在相应项前面✓)

（　）书目　（　）书店　（　）网站　（　）朋友推介　（　）其他

希望我们与您经常保持联系的方式：

□电子邮件信息　　□定期邮寄书目

□通过编辑联络　　□定期电话咨询

您关注(或需要)**哪些类图书和教材：**

您对我社图书出版有哪些意见和建议(可从内容、质量、设计、需求等方面谈)：

您今后是否准备出版相应的教材、图书或专著(请写出出版的专业方向、准备出版的时间、出版社的选择等)：

非常感谢您能抽出宝贵的时间完成这张调查表的填写并回寄给我们，您的意见和建议一经采纳，我们将有礼品回赠。我们愿以真诚的服务回报您对机械工业出版社技能教育分社的关心和支持。

请联系我们——

地　　址　北京市西城区百万庄大街22号　机械工业出版社技能教育分社

邮　　编　100037

社长电话　（010）88379080　88379083　68329397(带传真)

E-mail　jnfs@ mail. machineinfo. gov. cn